# 甘薯栽培的基础知识与技术

杨新笋　杨园园　主编

GANSHU
ZAIPEI
DE
JICHU
ZHISHI
YU
JISHU

长江出版传媒
湖北科学技术出版社

# 《甘薯栽培的基础知识与技术》编委会


主　　编　杨新笋　杨园园

编写人员　雷　剑　苏文瑾<br>
　　　　　王连军　柴沙沙<br>
　　　　　覃兆雄　罗龙平<br>
　　　　　沈兴国　王业新

# 目　录

# 第一章　概　　况

1. 分布广（国内外历史与现状）

甘薯（*Ipomoea batatas* Lam.）是旋花科（Convolvulaceae）甘薯属（*Ipomoea*）的一个种，具有蔓生习性的一年或多年生草本植物，学名 *Ipomoea batatas* Lam.，别名有白薯、红薯、山芋、地瓜、番薯等，属同源六倍体，染色体数 $2n=6\times15=90$。甘薯属植物约有 500 个种，分布于世界上许多地方（大部分在热带地区，部分在亚热带地区）。

据考证，甘薯起源于南美洲，包括哥伦比亚、秘鲁北部、厄瓜多尔和墨西哥一带。现今广泛分布于热带、亚热带和温带地区，在世界作物中名列第七位，在发展中国家中有列于第五位的提法。甘薯作为全球种植的主要作物之一，世界上共有 113 个国家栽培甘薯，栽培面积主要分布在亚洲、非洲的发展中国家，其次为拉丁美洲，欧洲面积极少。在世界性块根、块茎作物中，仅次于马铃薯，居第二位。全球有 100 多个国家以薯类为主食。

据联合国粮农组织（FAO）最新统计，2005 年世界上的 113 个国家栽培甘薯的种植总面积为 13098 万亩。亚洲栽培面积为 8680.5 万亩，占世界总面积的 66.30%，近年来栽培面积较为稳定。非洲栽培面积为 3802.5 万亩，占世界总面积的 29.00%，由于巨大的粮食压力，非洲甘薯面积一直呈扩大的趋势。世界只有 2%的甘薯种植在工业化发达国家，主要是美国和日本。日本、韩国、美国等发达国家甘薯栽培面积已经过

大幅度下降的阶段，进入 21 世纪以后，甘薯栽培面积保持相对稳定，甚至略有增加。

史籍记载，甘薯传入我国的时间是在 16 世纪的 1563～1594 年间，经由陆海多种渠道，率先引种于我国的福建、广东、云南等省，逐步向长江、黄河流域及台湾等地广泛推广，直至北方，分布遍及全国，南起海南诸岛，东北抵黑龙江省北纬 48 度的讷河一带，东到沿海各省，西及陕西至陇南高原，西南至四川盆地和云贵高原，西北达新疆吐鲁番、和田等地都有种植。中国是世界上种植甘薯面积最大的国家，自 20 世纪 80 年代以来，甘薯年产量约近 1 亿吨，也是世界上总产量最多的国家。印度、乌干达和越南的甘薯年收获量在 200 万吨水平，位于中国之后。我国的甘薯单产和人均产量也大大超过其他国家。许多小的国家，如所罗门群岛、汤加、巴布亚新几内亚、卢旺达和某些加勒比岛屿，其人均产量也较高。甘薯在这些地区和国家的经济中起着重要作用。甘薯与其他农业商品相比，其经济产值在全世界居第十三位，在南撒哈拉非洲居第五位，在亚洲居第九位。

我国甘薯的总产和单产均居世界最高水平，甘薯在我国粮食生产中其面积占第四位。1999 年以来进行农业结构调整后，在水稻、小麦等粮食作物面积不断调减的同时，甘薯的面积在上升。2002 年，全国甘薯播种面积在 8250 万～9000 万亩，较 20 世纪 90 年代初增加 10%左右。每亩单季产量由 90 年代初 1200 千克增加到 1400～1500 千克。最高单产水平在 5000 千克以上。甘薯生产的目的已从自给自足的传统粮食生产，转向面对市场的多向性、多元化和专用性生产。形成了品种配套、布局合理、栽培方式多样、种植制度不断创新的生产新局面。

表 1-1　2013 年世界甘薯生产面积、单产、总产前六位的国家

| 国家 | 面积（万亩） | 国家 | 单产（吨/亩） | 国家 | 总产（万吨） |
|---|---|---|---|---|---|
| 中　国 | 7512.0 | 埃及 | 1.50 | 中国 | 10717.8 |
| 乌干达 | 903.0 | 日本 | 1.71 | 乌干达 | 265.0 |
| 尼日利亚 | 774.0 | 中国 | 1.43 | 尼日利亚 | 251.6 |
| 坦桑尼亚 | 750.0 | 韩国 | 1.29 | 印度尼西亚 | 184.0 |
| 越南 | 307.5 | 美国 | 1.28 | 越南 | 155.0 |
| 印度尼西亚 | 264.0 | 秘鲁 | 1.03 | 日本 | 105.0 |

注：单产前六位为种植面积 15 万亩以上的国家。（资料来源：马代夫研究员）

2. 高产稳产（含救灾）

生产实践证明，甘薯是高产稳产作物。甘薯主要收获部分是营养器官块根，由于甘薯植株的吸收能力、运输能力很强，其养分生产、运输和向块根运转积累是一般禾谷类作物所不及的，这一特点使甘薯表现出高产的特性。同时甘薯具有耐旱、耐瘠、抗风雹灾害的特性，因此，增产潜力很大。尽管大都是种植在干旱、瘠薄的丘陵地上，甘薯也能表现出抗逆性强的高产稳产特性。

甘薯是 C4 作物，具有较强的光合能力，甘薯的经济系数可以达到 0.7～0.8 以上。在水肥条件较好的条件下，每亩产量可达 5000 千克以上，甚至更高，即以 5∶1 折合原粮也是标准的“吨粮”。目前，在我国已经出现鲜薯超过 5000 千克/亩的超高产地块。

甘薯的稳产还表现在对干旱、虫害有较强的抗性。种植甘薯除栽播期造墒浇水外，除非特殊干旱，甘薯一生不需浇水。它利用发达的根系从土壤深层吸收水分，维持生长发育，与种植西瓜、小麦等作物相比，种植甘薯每亩一生至少要节省灌溉

用水 250～300 吨。据有关资料，在生长期降雨量达 200 毫米的地方，甘薯就能生长，仅这一点，甘薯不仅可以胜过许多作物，而且在水资源紧张的地方种植甘薯，可以有效地缓解因人为取水造成的地下水位下降。地下水的情况直接关系到地表植被和沙化发展的速度。另一方面，甘薯是阔叶型的匍匐茎植物，营养体发达，栽播后经过缓苗阶段，很快覆盖地表，减少地表水分无效蒸发。在一些薄沙地、缓坡地地区，甘薯生长期封垄后还可有效地防止扬沙。降雨时，雨水经过叶片，缓速到达地面，既避免了直接打击地表的破坏性冲击，又因甘薯垄对水的拦截，利于降水的入渗续存。只要不是特大降雨，不会造成地表毁坏性径流，可有效地实现水土保持。

甘薯起源于热带，在热带高温、高湿下进化和生存，首先要能抗病抗虫。与其他作物相比，甘薯发生病虫较少，且很少是共性虫源、病源，再加之甘薯耐贫瘠的特性，使得甘薯一生中应用化肥农药量甚微，不但明显降低对土壤环境的污染，也降低产品中有害物的残留，以甘薯作为轮作、间套作成员的种植周期中，有利于环境总体的净化。

甘薯还是一种很好的洪涝灾害后的救灾作物。甘薯属块根作物，而且进行无性繁殖，薯块膨大的起点温度变幅很大，膨大的持续时间长。因此，在部分薯区受水灾后可以抢栽一季秋甘薯，只要掌握秋薯栽培中的争时、争温、争水的三大特点，不误农时，科学种薯，秋薯仍然可以获得高产。

3. 营养丰富

甘薯的营养价值较高，它富含淀粉，一般含量占鲜薯重的 15％～26％，高的可达 30％左右。据测定，每 100 克鲜薯中含蛋白质 2.3 克、脂肪 0.2 克、粗纤维 0.5 克、无机盐 0.9 克(其中钙 18 毫克、磷 20 毫克、铁 0.4 毫克)、胡萝卜素 1.31 毫克、维生素C 30毫克、维生素$B_1$ 0.21毫克、维生素$B_2$ 0.04毫克、烟酸0.5毫克、热量531.4千焦。甘薯所含蛋白质虽不及米面多，但其生物价比米面高，且蛋白质的氨基酸组成全面。据西南师范大学应用生物研究所测试，甘薯含有18种氨基酸，具体数据见表1-2。

**表1-2 鲜甘薯块内氨基酸含量(%)**

| 氨基酸名称 | 渝苏1号 | 徐薯18 | 备注 |
| --- | --- | --- | --- |
| 天冬氨酸 | 0.29 | 0.22 | |
| 苏氨酸 | 0.09 | 0.07 | |
| 丝氨酸 | 0.11 | 0.08 | |
| 谷氨酸 | 0.18 | 0.16 | |
| 甘氨酸 | 0.08 | 0.06 | |
| 丙氨酸 | 0.10 | 0.07 | |
| 半胱氨酸 | 0.02 | 0.02 | |
| 缬氨酸 | 0.11 | 0.08 | |
| 蛋氨酸 | 0.05 | 0.03 | |
| 异亮氨酸 | 0.08 | 0.06 | |
| 亮氨酸 | 0.12 | 0.09 | |
| 酪氨酸 | 0.06 | 0.04 | |
| 苯丙氨酸 | 0.10 | 0.08 | |
| 赖氨酸 | 0.09 | 0.07 | |
| 组氨酸 | 0.03 | 0.03 | |
| 精氨酸 | 0.07 | 0.06 | |
| 脯氨酸 | 0.08 | 0.06 | |
| 色氨酸 | 0.02 | 0.01 | |
| 总含量 | 1.68 | 1.29 | |
| 必需氨基酸含量 | 0.66 | 0.49 | |

按习惯上以5份鲜薯折1份原粮计算，其营养成分除脂肪外，比大米和小麦(面粉)都高，而发热量要超过许多作物。

在目前推广和新推出的许多品种中，黄色、红色和紫色的薯肉还富含维生素 $B_1$、维生素 $B_2$、维生素 C 和胡萝卜素，是其他多种粮食作物不能相比的。1989 年国际马铃薯中心对甘薯与其他常见食物的营养成分进行了分析，证明甘薯的营养成分高于许多作物。具体数据见表 1-3。又据菲律宾资料报道，甘薯的蛋白质含量虽不及某些蔬菜和豆类高，但是单位面积生产的薯块和茎蔓能供给蛋白质的人数，比水稻多 24 人，比玉米多 45 人。甘薯的日营养产量很高，表 1-4 列出甘薯与其他作物不同营养物的比较。与水稻或玉米相比，甘薯能够提供更多的营养种类，满足更多人的需要。甘薯的维生素含量丰富，据报道，含维生素 $B_1$ 和维生素 $B_2$ 为米面的 2 倍左右；维生素 E 为小麦的 9.5 倍；纤维素为米面的 10 倍左右；维生素 A 和维生素 C 含量均高，而米面为零。

除去块根外，甘薯蔓尖的鲜嫩茎叶也富含丰富的蛋白质、维生素 $B_1$、维生素 C 和铁、钙等，是一种很有开发价值和潜力的绿色保健蔬菜。老成的茎叶等营养组织，据测定含蛋白质 1.62%、脂肪 0.46%、碳水化合物 7.33%、纤维 2.04%、灰分 1.65%，营养价值并不低于一般豆科的牧草。甘薯茎蔓也含丰富的蛋白质、胡萝卜素、维生素 $B_2$、维生素 C 和钙、铁质，尤其是茎蔓的嫩尖更富含以上营养成分，可作蔬菜食用。据台湾报道，甘薯顶端 15 厘米的鲜茎叶，蛋白质含量为 2.74%，胡萝卜素为 5580 国际单位/100 克，维生素 $B_2$ 为 3.5 毫克/千克，维生素 C 为 41.07 毫克/千克，铁为 3.14 毫克/100 克，钙为 74.4 毫克/100 克。其蛋白质、胡萝卜素、维生素 $B_2$ 的含量均比蕹菜、绿苋菜、莴苣、芥菜叶等为高，维生素 C 的含量亦比绿苋菜、莴苣丰富。表 1-5 为甘薯茎叶与常见蔬菜的一般营养成分比较。

表 1-3　每 100 克各种食物的食用蛋白质营养构成(国际马铃薯中心,1989)

| 食物 | 水(%) | 蛋白质(克) | 食物能量(焦) | 脂肪(克) | 灰分(毫克) | 钙(毫克) | 磷(毫克) | 铁(毫克) | 钠(毫克) | 钾(毫克) | 维生素 $B_1$(毫克) | 胡萝卜素(毫克) |
|---|---|---|---|---|---|---|---|---|---|---|---|---|
| 玉米(粗粉) | 87 | 1.2 | 213 | 0.1 | 0.6 | 1 | 10 | 0.1 | 205 | 11 | 0.02 | 0.01 |
| 马铃薯 | 80 | 2.1 | 318 | 0.1 | 0.9 | 7 | 53 | 0.6 | 3 | 407 | 0.09 | 0.04 |
| 大蕉 | 80 | 1.3 | 322 | 0.1 | 0.7 | — | — | — | — | — | — | — |
| 芋头(新鲜) | 73 | 1.9 | 410 | 0.2 | 1.2 | 28 | 61 | 1.0 | 7 | 514 | 0.13 | 0.04 |
| 山药(新鲜) | 74 | 2.1 | 422 | 0.2 | 1.0 | 20 | 69 | 0.6 | — | 600 | 0.1 | 0.04 |
| 稻 | 73 | 2.0 | 456 | 0.1 | 1.1 | 10 | 28 | 0.2 | 374 | 280 | 0.02 | 0.01 |
| 细条实心面 | 72 | 3.4 | 464 | 0.4 | 1.2 | 8 | 50 | 0.4 | 1 | 61 | 0.01 | 0.01 |
| 甘薯 | 71 | 1.7 | 477 | 0.4 | 1.0 | 32 | 47 | 0.7 | 10 | 243 | 0.09 | 0.06 |
| 蚕豆 | 69 | 7.8 | 493 | 0.6 | 1.4 | 50 | 148 | 2.7 | 7 | 416 | 0.14 | 0.07 |
| 木薯 | 68 | 0.9 | 518 | 0.1 | 0.6 | — | — | — | — | — | — | — |
| 白面包(新鲜) | 36 | 8.7 | 1124 | 3.2 | 1.9 | 70 | 87 | 0.7 | 507 | 85 | 0.09 | 0.08 |

注:如无特别标明即为煮过的。马铃薯和其他块根作物及大蕉的食用蛋白不包括外皮。

**表 1-4　甘薯与其他作物的营养成分比较**

| 作物 | 热量 千焦/100 克 | 钙 毫克/100 克 | 铁 毫克/100 克 | 维生素 A 毫克/千克 | 维生素 $B_1$ 毫克/千克 | 维生素 $B_2$ 毫克/千克 | 维生素 C 毫克/千克 |
|---|---|---|---|---|---|---|---|
| 水稻 | 256.5 | 2.2 | 33.4 | 0.0 | 18.5 | 9.3 | 0.0 |
| 玉米 | 114.6 | 1.0 | 9.7 | 25.3 | 42.1 | 24.3 | 480.0 |
| 甘薯块 | 578.6 | 138.0 | 405.0 | 991.8 | 140.8 | 106.6 | 1370.0 |
| 甘薯根 | 512.1 | 85.0 | 105.0 | 324.0 | 100.0 | 40.0 | 1050.0 |
| 甘薯叶 | 66.5 | 53.0 | 300.0 | 667.8 | 40.0 | 66.7 | 320.0 |
| 芋 | 231.8 | 86.4 | 178.3 | 770.8 | 120.0 | 61.5 | 660.0 |
| 芋球茎 | 191.6 | 28.8 | 71.7 | 0.0 | 107.9 | 24.0 | 180.0 |
| 芋叶 | 26.4 | 40.9 | 65.8 | 747.4 | 10.2 | 33.6 | 433.3 |
| 芋柄 | 13.8 | 16.7 | 40.8 | 23.4 | 1.9 | 3.9 | 46.7 |
| 大白菜 | 174.1 | 178.0 | 194.2 | 50.0 | 92.8 | 74.0 | 3441.0 |
| 绿豆 | 123.4 | 17.0 | 78.8 | 4.3 | 60.9 | 20.3 | 27.7 |
| 豆类 | 175.7 | 159.6 | 150.0 | 347.7 | 158.7 | 168.0 | 1008.3 |
| 干豆 | 266.1 | 18.0 | 193.4 | 0.7 | 129.0 | 61.5 | 0.0 |
| 大豆(干) | 140.6 | 41.0 | 168.6 | 0.0 | 40.6 | 16.7 | 微量 |
| 大豆(青) | 150.6 | 87.0 | 194.0 | 6.0 | 1257.0 | 614.0 | 251.0 |
| 芒果 | 42.7 | 0.24 | 501.5 | 18.4 | 1.8 | 1.0 | 279.0 |
| 番茄 | 69.5 | 20.0 | 116.7 | 257.2 | 58.3 | 38.9 | 845.8 |
| 香蕉 | 10.9 | 110.5 | 2.3 | 1.1 | 0.9 | 2.1 | 237.0 |

就直接的营养价值讲，甘薯全身都是宝。更重要的是甘薯栽培过程中，自身生长耐瘠、高产和抗病性，很少或根本不用化学肥料与农药，容易达到安全食品的标准。扩大甘薯的生产，从本质上适应了我国农业结构调整的要求。

表 1-5　甘薯茎叶与常见蔬菜的一般营养成分比较

| 蔬菜名称 | 水分(克/千克) | 蛋白质(克/千克) | 脂肪(克/千克) | 膳食纤维(克/千克) | 维生素C(毫克/千克) | 维生素$B_1$(毫克/千克) | 钙(毫克/千克) | 磷(毫克/千克) | 钾(毫克/千克) | 镁(毫克/千克) | 铁(毫克/千克) | 锌(毫克/千克) | 硒(微克/千克) | 铜(毫克/千克) |
|---|---|---|---|---|---|---|---|---|---|---|---|---|---|---|
| 茎尖 | 89.0 | 32 | 4 | 13 | 400 | 1.4 | 1800 | 620 | 4000 | 430 | 8 | 4.6 | 20.0 | 2.4 |
| 蒜苗 | 88.9 | 21 | 4 | 18 | 350 | 0.8 | 290 | 440 | 2260 | 180 | 14 | 4.6 | 12.4 | 0.5 |
| 韭菜 | 91.8 | 24 | 4 | 14 | 240 | 0.9 | 420 | 380 | 2470 | 250 | 16 | 4.3 | 13.8 | 0.8 |
| 大白菜 | 95.2 | 13 | 1 | 9 | 190 | 0.3 | 450 | 350 | 1370 | 110 | 9 | 3.1 | 7.5 | 0.7 |
| 小白菜 | 94.5 | 15 | 3 | 11 | 280 | 0.9 | 900 | 360 | 1780 | 180 | 19 | 5.1 | 11.7 | 0.8 |
| 甘蓝 | 93.2 | 15 | 2 | 10 | 400 | 0.3 | 490 | 260 | 1240 | 120 | 6 | 2.5 | 9.6 | 0.4 |
| 菠菜 | 91.2 | 26 | 3 | 17 | 320 | 1.1 | 660 | 470 | 3110 | 580 | 29 | 8.5 | 9.7 | 1.0 |
| 芫荽 | 90.5 | 18 | 4 | 12 | 480 | 1.4 | 1010 | 490 | 2720 | 330 | 29 | 4.5 | 5.3 | 2.1 |
| 茼蒿 | 93.0 | 19 | 3 | 12 | 180 | 0.9 | 730 | 360 | 2200 | 200 | 25 | 3.5 | 6.0 | 0.6 |
| 空心菜 | 92.9 | 22 | 3 | 14 | 250 | 0.8 | 990 | 380 | 2430 | 290 | 23 | 3.9 | 12.0 | 1.0 |
| 茴香 | 91.2 | 25 | 4 | 16 | 260 | 0.9 | 1540 | 230 | 1490 | 460 | 12 | 7.3 | 7.7 | 0.4 |
| 生菜 | 95.8 | 13 | 3 | 7 | 130 | 0.6 | 340 | 270 | 1700 | 180 | 9 | 2.7 | 11.5 | 0.3 |
| 莴笋叶 | 94.2 | 14 | 2 | 10 | 130 | 1.0 | 340 | 260 | 1480 | 190 | 15 | 5.1 | 7.8 | 0.9 |
| 香椿芽 | 85.2 | 17 | 4 | 18 | 400 | 1.2 | 960 | 1470 | 1720 | 360 | 39 | 22.5 | 4.2 | 0.9 |
| 油菜 | 92.9 | 18 | 5 | 11 | 360 | 1.1 | 1080 | 390 | 2100 | 220 | 12 | 3.3 | 7.9 | 0.6 |
| 芹菜 | 94.2 | 8 | 1 | 14 | 120 | 0.8 | 480 | 500 | 1540 | 100 | 8 | 4.6 | 4.7 | 0.9 |
| 黄瓜 | 95.8 | 8 | 2 | 5 | 90 | 0.3 | 240 | 240 | 1020 | 150 | 5 | 1.8 | 3.8 | 0.5 |
| 南瓜 | 93.5 | 7 | 1 | 8 | 80 | 0.4 | 160 | 240 | 1450 | 80 | 4 | 1.4 | 4.6 | 0.3 |
| 冬瓜 | 96.6 | 4 | 2 | 7 | 180 | 0.1 | 190 | 120 | 780 | 80 | 2 | 0.7 | 2.2 | 0.7 |
| 茄子 | 93.4 | 11 | 2 | 13 | 50 | 0.4 | 240 | 230 | 1420 | 130 | 5 | 2.3 | 4.8 | 1.0 |
| 胡萝卜 | 89.2 | 10 | 2 | 11 | 130 | 0.3 | 320 | 270 | 1900 | 140 | 10 | 2.3 | 6.3 | 0.8 |
| 番茄 | 94.4 | 9 | 2 | 5 | 190 | 0.3 | 100 | 230 | 1630 | 90 | 4 | 1.3 | 1.5 | 0.6 |
| 丝瓜 | 94.3 | 10 | 2 | 6 | 50 | 0.4 | 140 | 290 | 1150 | 110 | 4 | 2.1 | 8.6 | 0.6 |
| 油麦菜 | 95.7 | 14 | 4 | 6 | 200 | 1.0 | 700 | 310 | 1000 | 290 | 12 | 4.3 | 15.5 | 0.8 |
| 茎尖位次 | 22 | 1 | 2 | 8 | 2 | 1 | 1 | 2 | 1 | 3 | 16 | 6 | 1 | 1 |

4.甘薯的保健功能强

甘薯不但营养丰富，而且药用价值也较高。我国古代中医和现代中医的大量试验和临床验证，确认甘薯具有降糖、止血、消炎、防癌、通便、延年益寿之功效。因此经常食用甘薯可以起到健身防病的作用。

甘薯是我国传统的药用植物。甘薯的苗、叶、块根均供药用。甘薯的药用效果在李时珍的中草药著作《本草纲目》中已有“甘薯补虚乏，益气力，健脾胃，强肾阴”的记载，并说食用甘薯使人长寿。在《金薯传习录》中有“甘薯疗病六益”的记载，可见甘薯对某些疾病确有一定的疗效。清代，赵学敏在《本草纲目拾遗》中记载，甘薯“补中、和血、暖胃、肥五脏，白皮白肉者，益肺气、生津，红花煮食，可理脾血，使不外泄”。清朝，陈云《金氏种薯谱》记载：甘薯“性平温无毒，健脾胃，益阳精、壮筋骨，健脚力、补血、和中、治百病延年益寿，服之不饥”，并提出了甘薯疗病六益。

甘薯不但对某些疾病有直接的疗效，而且在健身防病方面也有积极作用。据有关资料介绍：“要维持人体健康，必须保持血液酸碱度平衡，人类血液原为微碱性(pH 7.35～7.45)，如变为酸性时，会导致酸中毒”，严重的酸中毒可以造成人的死亡。近些年来，由于人类生活水平的提高，食品的种类虽然营养较丰富，但动物食品(鸡、鱼、肉、蛋)和粮食(大米、白面、玉米、大豆、燕麦等)大都为酸性食物，较多食用并非是一件好事。而甘薯碱性高，被视为生理碱性食品，所以适当搭配食用一部分甘薯，则有利于保持血液的酸碱平衡，防止生病。

甘薯所含的矿物质(如钾、钙、铁、钠、镁等)也非常丰富。据相关报道，甘薯含钾多，可以减轻因过分摄取盐分而带来的弊端。钾是保护心肌的重要元素，钙具有构成骨骼、镇定神经、帮助血液凝结等多种功能。因为甘薯含钙量显著高于米、面等食品,同时含磷、镁、碘等也较多。因此,可以弥补过多食用米面而缺少这些元素的不足。

现代医学研究证明,甘薯中含有大量的多糖蛋白,属于胶原和黏液多糖类物质,对人体有特殊保护作用。能预防心血管系统的脂肪沉积,保持动脉血管的弹性,防止动脉粥样硬化过早地发生。能防止心肝脏和肾脏中结缔组织的萎缩,保护消化道、呼吸道及关节腔的润滑。有防治结肠和乳腺肿瘤的作用。近年我国的医学家已应用"甘薯合剂"使97.30%的糖尿病患者的血糖下降,90%左右的血小板下降者的血小板大幅度上升。甘薯含有大量的维生素A、维生素B、维生素C、维生素E及亚油酸和纤维素,这些物质对人体十分有益。据广西巴马县调查,该县百岁老人有25人,90岁以上老人228人。这些老人多居住在山区,甘薯是他们不可缺少的食物之一。甘薯中含有多种维生素和氨基酸,这些维生素有一定的抗病作用。如维生素A可抗干眼病,维生素B对脚气病、心跳、便秘都有一定的作用,维生素C有阻碍致癌物质的形成、防止动脉硬化以及老年斑出现的作用。近几年,美国费城医院的何·塞维兹教授从甘薯中提取出了一种活性物质叫脱氢表雄酮(DHEA),它能防止结肠癌和乳腺癌的发生。日本国家癌症研究中心最近公布的20种抗癌蔬菜"排行榜"为:甘薯、芦笋、花椰菜、卷心菜、西兰花、芹菜、倭瓜、甜椒、胡萝卜、金花菜、苋菜、荠菜、苤蓝、芥菜、西红柿、大葱、大蒜、青瓜、大白菜等,其中甘薯名列榜首。日本癌症研究院通过对26万人的饮食调查,熟、生甘薯的抑癌率分别为98.70%和94.40%,高居果蔬抑癌之首。

甘薯所产生的热量只有大米、面食的1/3;又含有大量水

分，当主食用时易产生饱胀感而抑制食欲，而且因其富含纤维素和果胶而具有阻止糖分转化为脂肪的特殊功能。故它是较理想的减肥食物。

甘薯含有丰富的淀粉、维生素、纤维素等人体必需的营养成分，还含有丰富的镁、磷、钙等矿物元素和亚油酸等。这些物质能保持血管弹性，对防治老年习惯性便秘十分有效。

5. 多用途

在国际上，甘薯被公认为多用途作物，既可作为粮食、饲料、蔬菜，又可作为重要的工业原料和生物质能源作物。

甘薯是无性繁殖作物，可以通过苗繁苗迅速扩大种植，曾经是人类非常有效的救灾度荒作物。可以认为，甘薯在解决落后地区人民的食物来源上起着重要的作用。因为其明显的高产特性，在相同面积的土地上种植甘薯，可能会解决更多人的食物问题。而同马铃薯相比，甘薯可能更适合大多数贫困地区的资源特点，以及那里的饮食习惯。亚洲是世界上人口最多的洲，历史上粮食状况很紧张，甘薯种植面积也最大。在亚洲，无论是中国，还是日本，甘薯在饥荒时期都发挥过重要作用。同时，用甘薯的茎叶等副产品发展饲养业，同样能降低饲养成本而提高饲养效果。每 1.5 亩甘薯茎叶可以饲养 1 只羊，15 亩甘薯茎叶可以饲养 1 头奶牛或 1 头肉牛，相应每 1.5 亩可以节省饲料成本 400 元。很多地方在甘薯面积扩大的同时，养殖业也很快地发展起来，使原本以种植业为主的一元结构农业，发展为种养并举的二元结构农业，这必然会提高农业生产的总体经济效益，也恰恰是我国农业结构调整要寻找的亮点。甘薯所具有的优质饲料的特性，可以有效地减少饲料用粮，直接或间接地为食物安全做贡献。甘薯的广适性和高产性决定了它在保证全球食物安全中的重要地位，因此甘薯是一种粮食安全的底线作物。

甘薯的多营养，决定了甘薯的多用途。开展甘薯的综合加工利用，其经济效益正在日益提高。以甘薯简单加工生产淀粉、粉条、粉皮，产值即可增加1倍；生产淀粉后，粉渣酿酒，产值可提高3～4倍；甘薯制糖，糖渣酿酒，可以增值7～8倍；而以甘薯生产柠檬酸、味精、赖氨酸、维生素C、葡萄糖等可以提高效益20～30倍。即便以甘薯直接加工成各种罐头、果脯、薯干、薯片，或用甘薯粉料做雪糕、冰淇淋辅料也都是市场上的畅销品。例如河南省的红心地瓜干、杞县“甘薯泥”都已远销国外。

有关资料报道，甘薯正在成为重要的工业原料，用甘薯可以加工2000多种产品。除去上述传统的粉条、粉皮外，利用淀粉加工生产的产品就有十多个门类几十种。100千克鲜薯可以生产淀粉15～20千克、酒精6～7千克。除葡萄糖、柠檬酸外，用甘薯生产的乳酸、丁酸、丙酮、果胶、人造橡胶、人造丝、塑料、电影胶片、味精、饴糖、醋、酱油和抗生素、维生素等，是国民经济建设和人民生活不可缺少的东西。用甘薯生产上述产品，取材方便，成本低，因而可取代许多其他重要的原材料。

# 第二章　特征与特性

## 第一节　形　　态

甘薯属植物有500多种，甘薯属植物的特征是：一年生或多年生草本攀缘或匍匐植物，或直立的草本植物，很少漂浮于水面；但也有的是灌木，有的种节部有着地生根的习性，有的则体内有乳状汁液。叶互生，全缘或分裂，掌状脉。花单生于腋间，也有簇生的。栽培种的花形大，色鲜艳。萼深裂或分离，外面的裂片常较大。花冠大，呈漏斗状或钟状，冠檐有5个尖头或5个角。雄蕊5个，内藏不伸出。子房2～4室，胚珠4。花柱1，柱头呈头状，或2瘤状突起，或裂或2球状。果实为开裂的圆球形，或顶部呈卵球形。种子4个或较少，光滑无毛或被短毛，或长绢毛。甘薯属植物在我国约有20个种，我们通常所说的甘薯实际上是甘薯属植物中的一种，可能是由甘薯原始种(*I. trifida*)演化而来的栽培种。

### (一)根的形态与功能

1.根的分类与形成

甘薯种子萌发时，胚根最先突破种皮，向下生长，形成主根，然后从主根上长出侧根，侧根生长初期呈水平方向，以后变为垂直向下生长。

在生产过程中，甘薯通常采用块根育苗，从苗床上剪取薯蔓进行扦插繁殖。薯蔓的节上易发根。但薯蔓的节间、叶柄和叶片也同样具有发根能力。从这些器官上发生的根称为不定根，与从种子上发生的称为种子根相区别。甘薯的不定根可分化为形态特征不同的须根、柴根和块根三种。

在栽培条件下，扦插入土的甘薯茎蔓节部通常生出不定根3～4条，不定根的生长初期呈纤维状，先发生的一般较粗，后发生的较细。薯蔓扦插后一个月左右，根系生长的深度可达40厘米左右，同时发生很多须根，呈辐射状向外扩展，形成须根系。在深耕条件下，甘薯的根系分布于80厘米以内的土层中，深的可达100～130厘米。因品种和土质的不同，最深的可达170厘米以上。须根上根毛发达，具有吸收水分和养料的功能。须根在其发育过程中，有一小部分分化形成柴根和块根。柴根一般是指直径为1.0～2.2厘米的肉质根，长度30厘米左右，通常大大超过块根的长度，而且整个根粗细差异不大。

块根的形态变异很大。块根的形状大致可分为纺锤形、圆筒形、椭圆形、球形、块状形等五种。皮色可分为紫、红、淡红、黄褐、淡黄、白等，因周皮中的色素不同而异。肉色可分为紫、橘红、杏黄、黄、白等，有时在基本肉色上带紫晕。橘红、杏黄、肉色的品种富含胡萝卜素，营养价值较高。块根的皮面有的沟纹不显，有的具有5～6个凹陷的纵向沟纹。一株甘薯通常结块根2～6个或更多。

块根上还可长出二次根。大致是平行的纵列，一般有5～6个纵列。有明显沟纹的块根，二次根一般从沟纹的底部长出，它们周围凹陷，称为“根眼”或“根痕”。不定芽大都从“根眼”附近长出。

虽然块根的形态特征是鉴别甘薯品种的重要的依据，但

同一个甘薯品种的单株结薯数以及块根在不同环境条件下的形态变异也很大，其中以土壤条件的影响最大。块根的形态特征与产量潜力没有显著的相关性。

块根形状的变异，在疏松或潮湿的土壤中薯形一般偏长，在板结又干旱的土壤中薯形则偏短。在生长期较短促的条件下，块根长度与横径的比值大，薯形偏长；生长期较长的条件下薯形偏短。土壤质地和土壤酸碱度对甘薯块根皮色都有明显的影响。如一窝红块根生长在疏松土壤上的呈淡红色，生长在黏重土壤上的则呈灰白色；红皮品种在酸性较强的土壤上，色泽鲜艳，而在酸性较弱或碱性的土壤上则皮色变淡。

块根的肉色在生长期短或土壤较为瘠薄的条件下会变淡。有色品种鲜块根的外围肉色较浓，心部较淡。蒸煮后大多由淡变浓，例如白色的变为灰白，淡黄的变成鲜黄。

块根大多分布在5～25厘米的土层中，它是贮藏同化产物的器官，块根上长的侧根则具有吸收水分和养分的功能。有的品种，块根上长的侧根又能分化为块根，即所谓“下蛋”。

2. 根的分化发育

甘薯茎蔓上的节都有若干个根原基，在适宜的外界环境条件下，根原基开始伸长，长出不定根。由于根原基形成时的条件不同，有的较细小，有的较粗大。在节的幼阶段早期形成的根原基较粗大，长出的幼根较细，易于形成块根；反之，较晚形成的根原基较细小，长出的幼根也较团结互助，不易形成块根，而多成为须根。

幼根的分化发育取决于初生形成层的活动以及初生形成层内侧木质部薄壁细胞的增殖。一般有以下四种情况：

（1）细胞增殖分裂型。如大型薄壁细胞分裂与导管周围细胞分裂时，薄壁细胞不伴随着维管束分化。这个类型的块

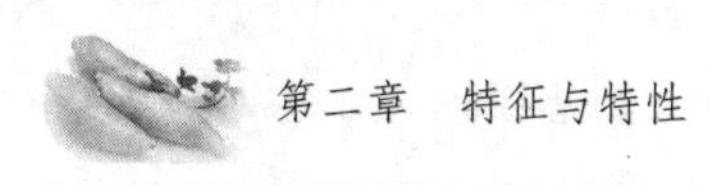


根膨大生长最好,但淀粉含量低。

(2)细胞分化分裂型。导管、筛管与次生形成层分化发达,薄壁细胞分裂伴随着维管束分化。这个类型的块根膨大生长良好,淀粉含量也高。

(3)细胞生长型。薄壁细胞的分裂没有充分活动钝化,不再进行分裂。这个类型的块根膨大生长不良,但淀粉含量很高。

(4)细胞木质化型。薄壁细胞没有充分生长,木质化即急剧进行。这个类型的块根膨大生长最差,淀粉含量也最低。

### (二)茎的形态与功能

1.茎的形态

甘薯的茎通常称为薯蔓(藤),一般具有匍匐地面生长的习性。由于品种间匍匐生长程度的不同,可分为匍匐、半直立、丛生三种类型。蔓的长度因品种而异,短蔓的不足 1 米,长蔓的可达 7 米左右。短蔓品种的茎在初期呈半匍匐生长,往后仍表现为匍匐生长,如华北 117。长蔓品种一开始即呈匍匐生长,如南京 92。丛生型分枝多,如坐篼薯。

幼嫩的茎有茸毛、成长老化后即脱落。茎的横断面呈椭圆形,或有棱角。茎粗因品种而异,一般约 4～8 毫米,栽培条件对茎粗有一定影响。茎色因不同气象条件和生育期而有变化。一般可分为绿、紫和绿中带紫几种。

甘薯茎节易生不定根。节间长和茎长呈正相关,而茎粗与茎长则呈反相关。甘薯茎中含有糖、甙,切断后流出的汁液呈乳白色。

2.茎的构造和功能

茎的生长和组织形成的过程。从芽生长时顶端生长锥的

细胞分裂开始，经过初生分生组织形成初生构造。初生构造由外向内可分为表皮、皮层和中柱三部分。由于形成层的活动而产生次生维管束组织。成长的甘薯茎部横断面由外向内分为表皮、皮层、内皮、维管束和髓部。

甘薯茎上着生许多叶片，形成与直立生长作物不同的覆盖地面的低矮冠层。茎节内部的根原基在适宜的外界环境条件下发育为不定根。生产上利用茎节生根结薯的特性，进行剪蔓栽插繁殖。茎中因贮藏着一定的养分，故还可利用薯蔓代替块根育苗以节约种薯。

茎的主要功能是水分和养分的输导。根部吸收的水分和无机盐类，经由木质部的导管运送给地上部供蔓叶生长。地上部合成的光合产物，经由韧皮部的筛管运送给地下部供块根贮藏和根系生长。幼嫩的茎部，也能进行光合作用。

3. 茎的分枝

甘薯苗期主蔓最先伸长，主蔓的叶腋形成腋芽，腋芽伸长形成分枝。一般每株甘薯有分枝 7～20 个，长蔓品种的分枝能力较弱，分枝数较少；短蔓品种的分枝能力较强，分枝数较多；肥水条件好分枝较多，反之则分枝较少。封垄期分枝数增长最快，一般在茎叶生长高峰期达最高值。肥水条件好的情况下，后期分枝总数略有增加，但后期分枝大都是 10 厘米左右的小分枝。

主蔓生长开始较快，以后早期的分枝生长速度往往超过主蔓。因此封垄后测定薯蔓长度时不一定以主蔓为对象，而是以最长蔓为对象。由于封垄前后分枝的数目增长较快，分枝的总长度增长较慢，以后长度的增长加快，到蔓叶生长高峰期达最高值，此后由于部分分枝死亡而相应下降。

## (三)叶的形态与功能

### 1.叶的形态

甘薯的叶是单叶,不完全叶,只有叶柄和叶片,没有托叶。叶互生,以2/5叶序数螺旋状排列着生于茎上。叶形有心脏形、三角形、掌状等,叶缘有全缘、带齿、浅或深单复缺刻等(图2-1)。叶形的变异较大,不仅品种间的变异显著,而且同一植株在不同生育阶段和不同着生部位的叶形也有较大的变异。叶色一般为绿色,但浓淡程度不同,有些品种茎端的幼叶常呈褐、紫等色,顶叶色为品种特征之一,而成长叶片均为绿色。有些品种叶脉间的叶肉隆起,使叶面呈皱缩状。叶的两侧都有茸毛,嫩叶上的更密。叶片长度一般约7～15厘米,宽5～15厘米。长、宽都因栽培条件而有很大差异。叶片与叶柄交接处有两个小腺体。叶柄长度约6～23厘米。叶片的形状和颜色与品种生产力没有明显的相关性。

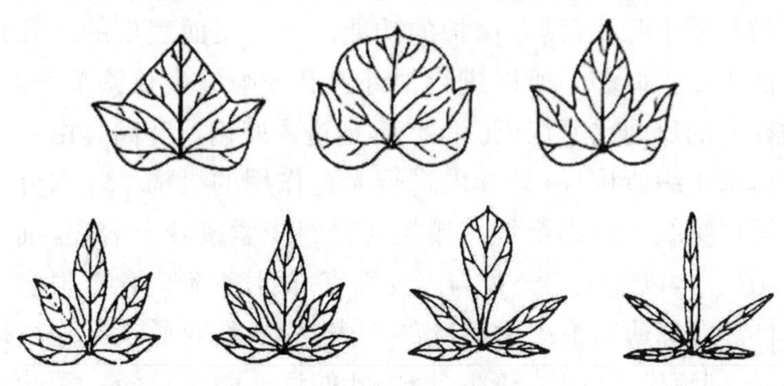

图2-1 不同叶形

### 2.叶的构造与功能

叶是由茎尖生长锥的叶原基发育而成,叶原基形成初期,细胞仍处于原分生组织的状态,当它逐渐长大时,细胞逐渐过

渡到初生分生组织，外层分化为表皮层，内部分化为分生组织和原形成层。叶原基在发育过程中又分化出叶柄和叶片。

叶柄的构造和茎的构造大致类似，但叶柄中维管束的数目和茎中不同，在叶柄中有些维束并合或分离。叶柄的横断面呈半月形，外有一层表皮，表皮内为皮层，再内为维管束，维管束排列呈半弧形，每个小维管束的构造和茎的维管束构造类似。木质部在叶片的正面，韧皮部在反面。木质部和韧皮部之间有短期活动的形成层。

叶柄是接连叶片与茎的部分，上与叶片相连，下与茎部连通，其主要功能是输导和支持作用。叶柄接受光而转动叶片，从而自动调节叶片的分布位置和方向，使叶片不致互相重叠，充分接受阳光，有利于光合作用的进行。同时叶柄含钾量高，并能适时把钾元素输送到叶片，以提高叶片的光合能力。叶柄尚有暂时贮存养分的功能。

甘薯叶片的构造，由表皮、叶肉和叶脉三部分组成。表皮覆被着整个叶片，具有保护的功能。叶片反面表皮的气孔比正面表皮密而多。所以进行根外追肥或喷施生长调节剂时，喷在叶的反面比喷在正面能较多地进入叶内。叶肉是由绿色的薄壁组织所构成，是叶内进行光合作用的机构。叶肉分化为栅栏组织和海绵组织。栅栏薄壁组织紧接着上表皮，细胞呈圆柱形，以细胞的长径与表皮垂直排列，细胞内含有很多叶绿体。海绵薄壁组织紧靠叶的下表皮，细胞的形状不是很规则，排列疏松，叶绿体较少，因此叶的反面颜色较淡。随叶龄等不同，叶组织结构各异。据广东省农业科学院的初步观察，在相同视野下，其特点是：

嫩叶：叶片薄，叶肉组织紧密，细胞小而多，气孔多，原生质浓厚。

功能叶:叶片厚薄中等,叶肉细胞大小基本一致、排列整齐。表皮薄,栅栏与海绵组织界线分明。

老叶:叶厚,叶肉组织松散,细胞大而少,输导组织发达。皮层细胞大,胞壁明显增厚。

徒长叶:叶较厚,组织微松散,排列不规则,气孔少,叶绿体明显增加。

叶脉分布于叶肉中间,各级叶脉的构造也不一样,主脉和一些侧脉的构造是由维管束和机械组织组成。随着叶脉越分越细,构造也愈趋简单,首先是形成层消失,机械组织也渐次减少,以至消失。木质部和韧皮部的构造简化,组成它们的细胞变小。到了叶脉的末梢,韧皮部也消失,木质部只剩下几个螺旋纹的管胞。一般近下表皮的叶脉特别发达,所以主脉和侧脉在叶背特别明显隆起。

叶的形态和构造受环境条件特别是光照条件的影响很大。例如在荫蔽、光照不足的条件下,叶片一般大而薄、气孔较少,叶脉分布较稀疏,机械组织也少。叶片是主要的光合作用和蒸腾作用器官。

### (四)花、果实

甘薯属被子植物门,是具有开花本能的。然而,各薯区自然条件差异大,不同品种开花所要求的外界环境条件各异,所以甘薯在各地的开花情况也有很大差异。在北纬23度以南,我国夏秋薯区的南部以及秋冬薯区,一般品种均能自然开花,而在我国偏北地区长日照条件下,则很少自然开花。

江苏省农业科学院就国内160个品种开花习性的观察结果指出,在南京自然条件下,甘薯的开花习性可分三类:第一,不开花类型,如南瑞苕、栗子香等,占供试材料的94.60%;第

二，偶然开花类型，如普利茗、宁薯一号等，占3.70%；第三，自然开花类型，如河北351、鸟吃种等，占1.70%。自然开花类型的开花习性适应范围很广，在不同薯区的自然条件下，都能开花，而且这一特性的遗传传递能力也较强。

1.花的形态与构造

甘薯的花有的是单生，有的是若干朵花集合为两种不同的聚伞花序，即典型二歧聚伞花序和变态二歧聚伞花序。一般情况下多数为一个花序，通常有花蕾3～15个，多的达30个左右。花着生在粗壮的腋生花梗上，在蕾期纵折向右旋卷。花冠和牵牛花一样呈漏斗状，长3～6厘米，外缘直径约2.5～4厘米，多数呈紫红色，也有蓝、淡红和白色的。内部的颜色较深，冠筒内有细毛。花的基部有萼片5个，长圆形或椭圆形，顶端骤然呈芒尖状，淡绿色，不等长，外萼片长7～10毫米，内萼片长8～10毫米，有的萼片上有毛。

雄蕊5个，花药、花丝长短不一，基部被毛，花药长4毫米左右、宽2毫米左右。花粉囊2室，纵裂，成熟时鲜黄色。花粉粒呈圆球形，乳白色，直径0.09～0.1毫米，表面有许多对称排列的乳头状突起，有黏性。

雌蕊一个，包括柱头、花柱、子房三部分。花柱长1.5厘米余。柱头呈球状，二裂，少数三裂，柱头上也有许多乳头状突起。子房上位，呈卵圆形，二室，由假隔膜分为四室，被毛或有时无毛，子房周围有橘黄色蜜腺，能分泌蜜汁诱引昆虫。

2.果实

甘薯的果实为蒴果，球形或扁球形，直径5～7毫米，幼嫩时呈绿褐色或紫红色，成熟时呈褐黄色。果皮沿腹缝线开裂。每一蒴果一般有种子1～4粒，多数为1～2粒。从受精到果实成熟随气温的变化而不同，一般需20～50天。

甘薯种子较小，千粒重 20 克左右，直径 3 毫米左右。种子大小及形状与一个蒴果内的种子数目有密切关系，一个蒴果只结一粒种子的，种子近似球形，结二粒的呈半球形，结三、四粒的呈多角形。种皮淡褐色或深褐色，较坚硬，表面有角质层，透水性差。种皮内有柔嫩的胚乳，包被着两片皱折的子叶，子叶二裂，呈“凹”字形。

## 第二节　生长与产量形成

甘薯原产于热带地区，是多年生草本植物。我国栽培甘薯的地区，大多处于温带，冬春低温时有霜冻，生产上都作一年生栽培。

甘薯的繁殖方法有两种：一种是通过开花结实、种子萌芽、生长，进行有性繁殖，各地科研单位进行新品种选育工作，一般都是采用这一方法。另一种是利用薯块、茎（蔓）等营养器官繁殖后代，进行无性繁殖，这是各地生产上通用的繁殖法。本书叙述的甘薯生长，主要是针对采用无性繁殖的一年生栽培的。

### （一）甘薯生长的三个过程

从农业栽培角度出发，甘薯一生大致可分成育苗、大田生长和贮藏三个过程。从育苗到栽插是第一个过程；从栽插到收获是第二个过程；从贮藏越冬到种薯再被利用为繁殖体是第三个过程。不过，各薯区土壤、气候、品种及栽培方法都不相同，而甘薯本身器官的生长是互相联系互相制约的，因此，栽培过程就不能截然分割。也有一些地方选用小薯块作种直播于大田，省掉育苗移栽过程。许多地区的薯农，为了防止病

虫害，加大良种的繁殖系数，采用多级育苗和设置苗圃等措施，增加了以苗繁苗的育苗内容。凡用夏秋薯作种，通过育苗繁苗，栽种于无病留种地生产种薯，其全过程是比较完整的。

### （二）甘薯大田生长过程中的三个时期

甘薯根、茎、叶的生长和块根的形成与膨大，都属于营养器官生长的范围，不同于有性繁殖作物，它没有明显的发育阶段，一般也没有明显的成熟期。不同栽插时期的甘薯，其生长快慢盛衰都因各地气候条件而变化，但在不同时期，不同器官的生长是有主次的。根据甘薯大田生长过程中地上、地下部生长的关系，人为地划分为三个时期。虽然，南方冬薯越冬生长缓慢，与春、夏、秋薯的气候环境差异大，但其生长规律也是相同的。

1. 发根分枝结薯期

从栽插到有效薯数基本稳定，是生长的前期。北方薯历时需 60～70 天；南方的春薯和北方的夏薯需 40 天左右；南方夏秋薯需 35 天左右。这时期以根系生长为中心。栽插后 2～5 天开始发根，其后迅速发展，一般春薯栽后 30 天，夏秋薯栽后 20 天，根系生长基本完成，根数已占全期根数的 70％～90％。期末须根长度可达 30～50 厘米。通常在栽后 10～20 天吸收根开始分化为块根，但壮苗早发的根，其块根形成并开始明显膨大，则在 20～40 天之间，一般到本期末薯数基本稳定。

栽后还苗 20～30 天内，地上茎叶生长缓慢，叶数占最高绿叶浸透的 10％～20％，叶色较绿而厚；这期间顺腋已萌发小腋芽。此后茎叶生长即转快，腋芽抽出成分枝，到本期末分枝达全生长期分枝数的 80％～90％，一般品种分枝与主蔓一起长成植株的主体，覆盖地面，即所谓圆棵而封垄。叶片数也随之增加，达最高叶片数的70%～90%。叶面积指数一般已达1.5左右，壮苗高产地可达3左右。这期的干物质主要分配到茎叶，约占全干物质的50%以上。期末茎叶鲜重约占全生育期的30%～50%，夏秋薯可以达60%～70%，蔓薯比值可相差2～8倍。

本期末地下部吸收根在基本形成的基础上继续生长，粗幼根开始积累光合产物而形成略具块根的雏形，块根成长中先伸长后增粗。据福建省泉州市农业科学研究所2006年观察，泉薯23插苗后30天前后块根形成，但前期膨大缓慢，植后90～110天出现膨大高峰期。福建省霞浦县农业局2004年观察到金山72、龙薯10号结薯较早，插后60天，金山72、龙薯10号单株薯重分别达到0.33千克和0.31千克。历史上山东省烟台地区农业科学研究所1972年观察，春薯烟薯1号和一窝红，栽后70天左右块根长度已达收获时的80%，但直径只有40%左右，到末期结薯数基本稳定。1963年华南农学院以秋栽禺北白为材料试验，栽后30天已现膨大小薯，42天薯数基本稳定，与福建龙岩地区农业科学研究所1978年早秋薯挖根调查资料一致，即早、中熟品种薯数的稳定期在栽后40天左右。薯数的稳定对产量影响很大，因为薯数和薯块重量是构成产量的两个主要因素。这期间重量占薯芋类蔬菜最高重的10%～15%。

2.蔓薯并长期

从结薯数基本稳定到茎长达高峰，是生长中期，春薯在栽后60～100天；夏薯栽后40～70天；秋薯在栽后35～70天。生长中心虽然是盛长茎叶，但薯块膨大也快。茎叶迅速盛长达到高峰，全期鲜重的60%(或以上)都是在本期生长。分枝增长很快，有些分枝蔓长超过主蔓。叶片数和蔓同时增长，栽

后 90 天前后功能叶片数达到最高峰值。黄叶数逐步累加，其后与新生绿叶生死交替，枯死分枝也随之出现，黄落叶最多时几乎相当于功能叶片的数量。茎叶盛长时叶柄重最高，茎叶生长停止时叶柄渐轻，这也是块根膨大加快的标志。

栽后 60～90 天间块根中养分积累和茎叶生长齐头并进，块根迅速膨大加粗，所积累干物质占全薯重的 40%～45%。江苏省徐州地区农业科学研究所证明：春薯 5 月初栽苗，栽后 80～90 天达到转折点。转折点前主要是茎、叶等生长；转折点以后，光合产物主要供给块根积累。茎叶达到高峰时叶面积指数要求达到 3～4，蔓薯比值达到 1，其后要注意不使黄叶、落叶和枯枝急剧增加，力求不早衰，保持一定的叶面积，加大块根的日增重量，延长其增重期，以提高产量。

3. 薯块盛长期

从茎叶生长高峰直到收获，是生长的后期。此时生长中心转为薯块盛长。春薯的薯块盛长期在栽后 90～160 天；夏薯在栽后 70～130 天；秋薯在栽后 90～130 天。

这期间茎叶生长渐慢，继而停止生长，田间长相在北方即出现所谓"回秧"，而南方也可在一般田内见到叶色褪淡的"落黄"现象。叶面积指数由 4 下降到 3 左右，在不定期时间内能保持 2 以上，茎叶中光合产物迅速而大量地向块根运转，枯枝落叶多，最后茎叶鲜重明显下降。这期间块根重量增长快，块根内干率不断提高，直至达到该品种的最高峰。这期间积累的干物质约为总干物重的 70%～80%。

甘薯的三个生长期是相互联系相互交错的。在管理上要根据各期的生长中心，加以促控，使地上部、地下部生长协调，从而夺取甘薯高产。

甘薯在不同地区和不同类型的品种，其生长动态有差异。

## (三)发根及幼根分化

薯苗或薯蔓栽插后,分别从茎节部叶腋两侧外或苗基部剪口愈伤处发根。这些不定根是由根的原始体即根原基萌发长成的(参阅本章第一节)。不定根在生长过程中不断长出侧根,发育成吸收根系。

初生的不定根又称幼根。它的初生解剖结构已如本章第一节所述。所有不定根在根原基时期,其内部结构并无区别,但由于原基形成的早晚,根原基萌发不定根时所处的环境条件的差异,苗的壮弱和品种的不同,才发生大、粗、细的差别。幼根分化中如初生形成层细胞分裂活动能力弱(小),而中柱内细胞木质化程度大,便形成吸收根,也称纤维根或细根。它的功能是吸收水分和养分。如初生形成层细胞活动虽强,但中柱细胞木质化也强,就可能形成柴根,也称粗根。据广东省农业科学院研究:柴根在形成过程中,由于生态环境条件的不同,可产生各种不同的形态。这是一种徒耗养分的根。如初生形成层分裂活动强盛,中柱细胞木质化程度小,就易于形成块根。

影响幼根分化的因素,内因在于薯苗的质量和品种。壮苗或薯蔓顶端幼嫩部分根原基数目多且大,形成层发生的范围广,活动能力强,容易分化成块根。弱苗和老硬蔓苗根原基细小,形成块根就少。不同品种发根粗细和幼根内原生木质部束数(原型)不同,形成层活动范围也有大小,这不但对幼根分化有影响,还与薯块形状关系很密切。环境条件是外因。不同气候条件,土壤水分与氧气和营养元素等,都直接或间接影响块根分化与膨大。土温在21～29℃之内,阳光充足,雨水调匀,土壤相对含水量维持在60%～80%之间,通气性良好,

土壤中含有足够的氮、磷、钾元素，并且钾、磷与氮的搭配合理，这样既增强了形成层细胞的分裂，又有利于光合作用的进行和光合产物向根部的运转，容易形成块根，结薯早，薯数也较多。如土温过低(指 15～18℃)，会延迟根系发展；如土温过高(超过 35℃，甚至 40℃)，则使植株因呼吸加强，消耗大于积累，生长停顿；如长期干旱，土壤相对持水量小于 45%，根内木质部导管发达，木质化程度加大，容易分化为柴根；如遇涝渍年份，土壤含水量过多，甚至接近饱和，土壤通气性差，形成层活动很弱，形成吸收根就多。钾肥有利同化物质的运转与积累，促进形成层的活动，因之有利于形成块根。氮肥是生长器官的主要元素，但施氮过多，使氮钾比例失调，茎叶生长过旺，光合产物运转就会受到阻碍，在多施氮肥、土壤又很潮湿、通气性差的条件下，常会形成大量吸收根，不结块根。

### (四)块根的形成和膨大

甘薯块根是由根的形成层不断分化发育而成的。

1. 初生形成层活动与块根形成

一般在栽苗发根后 10 天左右，初生形成层开始分化。首先在初生韧皮部内侧和原生木质部之间的薄壁细胞分化成弧形的初生形成层，随着这些细胞的继续分化扩展，中柱外围的中柱鞘细胞也进行分化，发生形成层，使断断续续的形成层弧段连接起来，形成一个形成层环。成环的时间在发根后 15～20 天。形成层环形成后，不断分裂新细胞，分化产生次生组织，如次生木质部与次生韧皮部，同时薄壁细胞内开始积累淀粉。从初生形成层开始分化到形成层环完成，是决定块根形成的时期。

2. 次生形成层活动与块根膨大

甘薯的块根形成与膨大，不仅依靠细胞体积的增大，而且依靠形成层不断分裂产生新细胞增加细胞数目。在栽插发根 20～25 天后，除初生形成层继续分裂细胞外，又在原生木质部导管内侧发生次生形成层细胞，继而在次生木质部导管内侧和后生木质部周围，甚至中柱内的一些薄壁细胞，都不断发生次生形成层。这种形成分裂细胞的能力很强，在发根 30～40 天，分裂出大量薄壁细胞，薯块就明显膨大，其后因湿、水、光、气等生态环境条件的促进，更迅速地增长和膨大，并积累以淀粉为主的光合产物。总之，次生形成层最活跃的时期，也是块根膨大最快的时期。由于次生形成层分布不规则和其活跃程度不同，块根表面就不平整，形成多少排纵沟。高凸的隆起就是次生形成层活动旺盛的部位。纵沟一般为 5～6 排。

此外在块根膨大过程中，由于初生和次生形成的活动，使整个中柱部分不断扩大，中柱鞘细胞分化成木栓形成层，介于内皮层与中柱之间，木栓组织不透水、气，致使内皮层外的皮层和表皮先后解体。这种木栓组织称为周皮，起到保护块根的作用。周皮通称为薯皮，含有不同色泽和不同含量的花青素，使不同品种具有不同皮色。

从块根形成和膨大过程中可以看出，初生形成层分化次生组织，对块根形成起主导作用；而块根中次生形成层的活动，进一步分化次生组织，特别在很多部位分化大量薄壁细胞，对块根的膨大所起作用更大。块根膨大主要依靠次生形成层增加薄壁细胞的数目，而细胞的分裂是以简单的无丝分裂方式进行的。这种分裂方式，增加细胞数目速度快，消耗能量少，所以甘薯块根膨大快是一特点。

日本学者小仓谦(1945)总结前人对甘薯块根膨大在组织解剖学上的观察结果,认为在第二次形成层外与导管无直接关系出现在第三次形成层,也同样形成小维管束及薄壁组织。北京农业大学(1981)从组织解剖学进行甘薯块根的研究,观察到有些品种如丰收白、6-104的三生木质部或三生韧皮部中又衍生出新的形成层,并产生薄壁细胞或导管的现象。北京农业大学观察研究,称其为三生形成层。如此,在甘薯块根膨大过程中,三生形成层出现的条件与作用的大小,有必要进行深入的探讨与研究。

此外,一般在适宜的环境条件下,甘薯块根可以持续膨大,没有成熟期的限制。所以生长期愈长,块根产量愈高。北京农业大学观察到少数材料到达一定生长期后,即使环境条件许可,其块根中形成层细胞和薄皮细胞就停止活动,呈现所谓休眠状态,块根不再膨大。浙江省农业科学院也曾观察到,某些品种如宁薯1号在浙江南部生长到一定时期,即使茎叶生长正常,块根也不再膨大。这也是值得进一步研究的问题。

**(五)茎叶生长与产量形成**

甘薯地上茎叶的生长和光合功能的大小,直接关系到养分制造、分配和积累,对薯块形成、薯数多少和薯块轻重有决定性的意义。地上部特别是叶片是制造光合产物的最主要器官,茎叶生长正常,亦即同化或适应温、光、水、气等环境因子的能力强时,其光合效能强大,就能产生大量光合产物源源不断地向块根运转和积累。同时,“库”的接受能力强,能明显地促进光合产物的运转和积累,并能使叶片中碳水化合物浓度降低,提高光合能力,从而增大“源”的功能。

1. 茎叶生长动态

(1)茎与生长外界环境条件的关系。我国大多数地区种植的春薯,茎叶在栽后到分枝前,由于温度低,雨量少,分枝形成和叶面积增加都比较缓慢;中期茎叶迅速生长,分枝增长快,叶面积达到最高值,形成生长顶峰;后期温度低,雨也减少,植株茎叶落黄,叶面积减小,由缓慢而逐渐停止,全过程出现一坡状曲线。夏秋薯栽培前后已进入高温多湿季中,初期生长起点快,短期内就分枝封垄,长势旺,到中期迅速到达高峰,后期生长受到低温、干旱的影响,茎叶落黄衰退,这一过程也呈坡状曲线,但上坡快。

(2)叶面积指数和光能利用的关系。茎叶生长的好坏,群体规模的大小,一般都以叶面积指数作为衡量的指标之一。

研究表明,甘薯叶面积的大小与光能利用率有密切关系。据国内外的研究,在一定范围内,叶面积指数是甘薯高产的基础。由于一般甘薯品种的茎叶是匍匐地面生长的,叶片分布呈水平状,叶层也薄,基本是接近平面型的。因此,其光能利用率远比直立生长、叶层分布呈立体状的作物为低,一般只有1%左右,最高的可达 2.9%。据研究,正常情况下,甘薯最适宜的叶面积指数常因品种、气候条件以及栽培条件等的不同而有差异。叶面积指数过小,对光能利用率也难提高。叶面积指数以在 3～6 范围内为宜。

各地试验结果表明,适宜的面积指数以在 4 左右为好。据广东省农业科学院(1959)的观察,当叶面积指数不超过4 时,叶面积指数与光能利用率成正比例而变化。当叶面积指数大于 4 时即有徒长趋势。据徐州地区农业科学研究所观察,当叶面积指数达 3.5 以上时,净同化率迅速下降,超过4 时下层叶功能极低,甚至无效。认为在该地条件下,叶面积指数

在 4 左右是比较适宜的。北京市农业科学院作物研究所(1979)根据 1953—1964 年这十二年各地有关单位的调查数据及 1965—1978 年十四年实践验证指出:当叶面积指数长期小于 3 或大于 5 时,甘薯产量均不高,只有长期保持在 4 左右时,产量才最高。

叶面积动态和茎叶生长动态相一致,也是坡状曲线。在正常生长情况下,其发展规律是,栽插后随着发根、分枝而结薯,叶面积逐步增加,至蔓、薯并长的盛期,叶面积指数也达顶峰,其后在薯块盛长期保持稳定,以后缓慢下降。呈现"上坡快,坡顶宽,下坡慢"的理想曲线。甘薯叶面积的发展动态,因地区、栽插期、苗壮弱、品种和栽培管理等不同而异,其中栽插期或季节性影响最大。所有肥水条件好的高产田和南方夏薯田,初期叶面积发展快,要注意控制,防止徒长。

(3)叶面积总数和块根产量的关系。全生长期中的叶面积总数即光合势(平方米/日)与块根产量关系也很密切。根据广东省农业科学院驻琼山县东山基点冬薯试验结果(1974),各处理的总光合势分别为 136251、134934、129218、92875、86785 平方米/日,而其相应的块根产量依次为 2003、1680.5、1572、1332、1105.5 千克/亩。这表明在一定的范围内块根产量随光合势的下降而减低。山东省烟台地区农业科学研究所在甘薯高产栽培试验中发现,无论沙土或黏土,甘薯的光合势均为 28 万平方米/日左右,比前例一般冬薯田的光合势多一倍以上。

2.叶层分布与光能利用

叶片群体因叶层分布的不同,其光能利用也有明显的差异。甘薯株型一般分为匍匐型、半直立型和丛生型,它们群体的结构不同,叶层分布分别呈重叠型与中间型。据中国农业科学院薯芋类蔬菜类研究所(1960—1961)试验结果:认为叶片排列在距离较大的不同平面上的疏散型,对比叶片排列在距离较小的不同平面上的重叠型,群体叶面积的分布,前者以上、中层叶面积所占比例较大,达81.87%,而后者仅为70.40%。相应的下层叶面积所占比例,后者为29.60%,比前者18.13%大11.47%。上中层叶在光合强度上明显比下层叶优越,所以疏散型的光能利用率高。不同叶层所处的生态条件不同,因而它们的光和温度条件也有差别。上层叶在一天中绝大多数时间都可以获得充足的光能,中层叶受上层叶的遮蔽,受光面显然比上层叶为小,下层叶则更差。同时不同叶层的温湿度等条件也有差异,从这些方面看,疏散型的叶层分布均占优势。

3. 茎叶生长与产量形成的关系

从"源"与"库"的关系来看,地上茎叶和地下块根是极为密切的。总结各地实践经验可以分为五种情况:

(1)茎叶生长健壮,块根产量高。地上部还苗快,前期生长快而稳,封垄早,分枝较多;到蔓薯并长期,叶面积指数达4左右,构成既繁茂又适宜的叶面积;转入薯块生长期后,能较长时期保持最适面积,至末期也能维持在2～3以上。无论春夏秋薯,地上下部生长协调,蔓薯比能较早地达到1,即地上部生长和地下部块根增重的交叉转折点,最后在收获前一般能减少至0.5左右。浙江省的丰产经验指出,应根据甘薯茎叶和块根的生长特性,以及季节的自然变化,采用综合的技术措施,因势利导进行促控结合,达到"前稳长,中健旺,后迟衰",以保证高产稳产。

(2)茎叶生长势弱,块根产量低。由于弱苗、迟栽或土层瘠薄、肥水不足等原因,茎叶生长缓慢,生长势弱,封垄迟,甚

至不封垄，叶面积指数一般达不到 3，因此叶片制造光合产物后期茎叶发黄早衰，蔓薯比过小，积累干物质少，薯块产量很低。

(3)茎叶徒长，块根产量低。在肥水过多、氮钾素肥料比例失调的情况下，茎叶生长过旺，叶色暗绿，叶片大而薄，节间和叶柄长，叶层过厚，郁闭不透光，叶面积指数在蔓薯并长期超过 5 以上，直到收获前，茎叶继续疯长，下层叶片黄化脱落，甚至腐烂，新老叶片交替频繁，大量光合产物消耗在不断生长和加强的呼吸作用中，蔓薯比始终很大，蔓薯平衡很晚，临近收获，蔓薯比仍大于 1。结果吸收根和柴根多，块根少而小，产量不高，品质差。

(4)早衰，块根产量较低。前期茎叶生长较正常，中后期由于脱肥和长期干旱，叶面积未达到适宜的指数时，就迅速下降，叶片发黄，光合效能锐减，干物质运转和积累的时期被缩短，块根产量因之较低。

(5)前弱后旺，块根产量低。生长前期由于温度低，地瘠肥少，久旱不雨，茎叶生长差，长时间不封垄，影响结薯；而中后期则因施肥不当，或遇持续高温多湿，茎叶旺长，不能适时落黄，养分分配失调，块根积累很少，产量低，块根含水量高，淀粉少。

以上五种情况说明，地上部茎叶早发稳长，较长期保持最适的叶面积，是取得高产、稳产必须具备的第一个特点。第二个特点是要求光合产物从叶源源不断地运转积累到块根中。生产上茎叶徒长现象经常出现在小面积、肥水条件过于优越的丰产地块。而大面积平衡生产中普遍存在的问题，则是茎叶长势弱和早衰两种情况。后者是生产上的主要矛盾。

4. 光合产物的分配

叶片制造的光合产物，前期分配以叶片为主。据试验，每生长1平方米叶片约需消耗30克干物质，等于前期叶片制造养分的20%～25%。茎和叶柄的光合能力小，但它们的呼吸消耗却不小，在生长期间会减弱净同化率。到后期以块根膨大积累淀粉等干物质为主。据江苏徐州地区农业科学研究所观察结果，在封垄前（栽后48天），地上部占植株干物重的66.50%，块根仅占33.50%；但后期（栽后162天），地上部干物重仅占22.70%，而块根则不断上升到占植株干物重的77.30%。从蔓薯比值看光合产物的分配，在地上茎叶重量较大、光合面积合理的情况下，前中期蔓薯比值下降得愈早愈快，说明光合产物向块根分配运转的速度亦愈早愈快。蔓薯比值是甘薯栽培中采取促控措施的可靠依据，它不仅能反映地上部、地下部干物质的分配状况，也是表明地上部、地下部生长是否协调的指标。

应该指出，甘薯之所以成为高产作物，另一个重要因素是它的经济产量系数大，养分向块根运转和积累多。甘薯与水稻、小麦等作物相比，它的面积并不大，净同化率也相差不大，但它的经济产量系数显著比水稻等作物大，甘薯的经济产量系数可达0.7～0.8或更高，而水稻只有0.3～0.4。甘薯在栽插后10～20天块根分化起，全生长期间都是形成产量的期间，一般可达130～150天，而水稻等只有45～60天。

经济产量系数高低，具体反映在蔓薯比值是否合理，因此及时掌握好蔓薯比值，是夺取甘薯高产的关键。

## 第三节　甘薯生长与生态因素的关系

一切有机体都不能脱离生态条件而生存。甘薯的生长也必然受所处生态条件的影响而产生相应的反应。不同的生态因素对甘薯有机体产生不同的影响，而甘薯的不同生长时期对同一生态因素的要求也是不同的。此外，各种生态因素之间是互相影响的，一种生态因素的变化相应地会带来另一种生态因素的变化。例如：气温在很大程度上影响土温变化，而土温在一定条件下又受土壤水分和空气含量比例的影响，空气热容量小，导热率低，土壤中空气含量高时，白天升温快，夜间降温也快。水分可以调节土温、土壤空气和养分状况。空气流动可以改变大气温度和湿度。空气中水汽多、尘土多，可以减弱光照强度，改变光质等等，这就构成了薯芋类蔬菜与其周围的生态环境各因素间以及生态因素相互间错综复杂的关系。为此，必须充分考虑各生态因素对甘薯的综合影响，采取相应的农业技术措施，利用一切有利条件，趋利避害，以满足甘薯生长的要求。

本节将着重阐述温度、水分、光照和空气等生态条件对甘薯大田阶段生长的影响，至于这些生态因素对甘薯有机体在苗床、贮藏和开花结实等方面的影响，以及土壤对甘薯生长的影响等都将分别在其他有关章节加以叙述和讨论。

### (一)温度对甘薯生长的影响

甘薯原产热带，喜温暖，对低温反应敏感，最忌霜冻。生长期至少要求有 120 天无霜冻，盛长期内的气温不低于 21℃，否则甘薯栽培就难以获得较高的产量。

甘薯对温度条件的要求在很大程度上取决于其先代在系统发育过程中所同化了的外界温度条件，它的不同生长时期对温度条件的要求是有差别的，如果得不到满足，就会妨碍甘薯的正常生长和有机营养物质的合成、运转、分配和积累等一系列生命活动。

无论气温或土温，对甘薯生长都有重大影响，适宜的生长期愈长对甘薯生长愈有利。在15～30℃间，温度愈高生长愈快，又以25℃为最适温度；超过35℃生长减慢；低于15℃生长停滞；10℃以下，则会导致植株因受冷害而死亡。

1. 温度对甘薯蔓叶生长的影响

中国农业科学院作物研究所(1956)的研究指出，最低气温达18℃以上时，蔓叶生长增快，18℃以下时则生长缓慢，15.5℃时基本停止。这一现象在不同栽插期表现得同样明显。当最低气温较高、蔓顺生长迅速时，块根增长较慢；秋后最低气温降低，蔓叶生长接近停止时，块根增长较快。

温度在很大程度上限制着甘薯的地区分布，即温度是决定甘薯能否成功地栽培的重要因素之一。温度对甘薯分布的限制影响主要由于：①对甘薯最有利温度的时间太短；②生长季节中出现对甘薯生长过高过低的温度；③足以引起甘薯受伤或死亡的高温或低温；④特别适宜于病虫害发展的温度。

当甘薯处于温度的低限时，生长进度极慢，从稍高于最低点到最适点，生长随范氏定律而变化。超过最适点生长率迅速下降，进而生长就停止。

过快的生长可能带来植株脆弱的结构，容易遭受病虫侵袭。

2. 温度对甘薯根系生长的影响

大田栽插时，要求5厘米深处土温稳定在16℃或以上，也

即适宜栽插的气温为18～20℃。较低的温度虽可减缓叶面蒸发，但不利于发根；温度偏高虽有利于发根，但叶面蒸发加快，叶片易萎蔫。春薯一般3～5天发根，10天左右还苗，迟的要15天才有较多植株展开新叶。这时根系生长占主要地位，栽后10天左右可形成根系总量的30%以上。栽后30～35天发根量已占总量的60%～70%。根的生长比地上部的生长快，栽后20天，根长即达30厘米左右，30天后可达60厘米左右。夏薯栽插时，气温一般已达25℃左右，雨水也较多，栽后2～3天发根，3～5天展开新叶，根系生长快，15～20天即达总量的70%左右。

甘薯栽插后的发根速度与温度有关，抽根一般要求不低于15℃，但由于品种特性和其他条件的不同，最低发根温度可以稍有出入。在不定期范围内，温度增高，发根加快，根量也增多。据湖南省农业科学研究所等(1959)资料(表2-1)，在14.5℃下，宁远三十及浏阳红皮等品种均不发根。温度上升到16.1℃时，两品种均能抽出新根，但品种发根力差异很大，浏阳红皮表现对低温有较强的适应力。中国科学院生物学部(1959)的试验结果指出，平均土温为15.5℃时，甘薯插蔓已能发根，同时也证明了在供试条件下，稍低的气温(14℃)对根的生长并无显著妨碍。山东历城县的试验资料证明，土壤温度稍低(15℃)仍能发根，不过需时5天，而在20℃下3天即可发根。应该肯定，较高的土温有利于根的生长。根数和根长的增长速度，随温度升高而加快。

3.温度对甘薯块根分化形成的影响

块根的分化形成需要较高的土温和气温。据中国农业科学院作物研究所(1956)在北京的研究结果指出，块根形成与土温有关，当土壤10厘米深处平均温度在21.3～29.7℃范围内时，土温愈高，块根形成愈快，数量亦愈多，以 22～24℃为最适温。实践证明，一般夏薯的薯数多于春薯，说明较高温度对块根形成有利。

**表 2-1　不同扦插时间甘薯根系生长情况与温度条件的关系**

| 扦插期(月/日) | | 3/30 | | 4/15 | | 4/30 | | 5/15 | |
|---|---|---|---|---|---|---|---|---|---|
| 品种 | | 1 | 2 | 1 | 2 | 1 | 2 | 1 | 2 |
| 插蔓后七天 | 平均温度(℃) | 14.5 | | 19.6 | | 21.8 | | 20.3 | |
| | 发根数 | — | — | 3.40 | 18.80 | 4.40 | 17.00 | 6.80 | 47.60 |
| | 根长(厘米) | — | — | 0.68 | 4.70 | 3.50 | 4.14 | 5.40 | 10.60 |
| 插蔓后十四天 | 平均温度(℃) | 16.1 | | 20.4 | | 19.3 | | 20.7 | |
| | 发根数 | 2.60 | 21.30 | 10.40 | 33.40 | 5.46 | 44.60 | 19.80 | 67.60 |
| | 根长(厘米) | 0.52 | 8.90 | 28.00 | 10.80 | 16.04 | 20.24 | 12.30 | 23.20 |

注:品种 1 为宁远三十;品种 2 为浏阳红皮。

块根膨大需要的适温为 22～23℃。在这个温度下，块根膨大最快，特别是在昼夜温差大的情况下，更有利于块根膨大。块根膨大的低温界限因品种不同而略有出入，有些品种在 20℃下即停止膨大，而有些品种即使温度低至 17～18℃，仍能继续膨大。一般当土温降至 20℃以下或高于 32℃时，对块根膨大不利。块根形状与栽插时间早迟有密切关系。四川省农业科学研究所资料(1953)证明，在不同的栽插期情况下，随着栽插季节的早迟，气温变化由低而高，薯形由粗短趋于细长，薯数由少趋多。

综合我国各地有关研究结果，可以看出，在不同试验条件下块根膨大旺盛时期分布在较广的温度范围内(15.8～29.3℃)，这些情况表明块根膨大对温度条件的要求不是很

严格。

温度条件对块根膨大的影响，主要是通过温度对甘薯光合作用与呼吸作用之间关系的影响来实现的。蔓生长和块根生长是甘薯有机养分分配上的两个主要方面，块根膨大是有机养分合成与消费者平衡的结果。当温度条件不利于地上部生长时，蔓叶生长势减弱，减少了对有机养分的消耗，地上部合成的有机养分会更多地向地下部运转和积累，这就促进了块根膨大。昼夜温度差异是引起甘薯有机养分合成与消费上差异最主要的原因。昼温较高加强了光合作用，夜温较低抑制了呼吸作用，减少了养分消耗。扩大两者品质差异，有利于有机养分的积累。事实证明，在我国一般薯区入秋后夜温降低，而昼温仍高，扩大了昼夜温差，当地上部生长减弱或停滞时，块根重量一般表现为迅速增长。

温度条件不仅影响块根重量，而且也影响块根品质，在适应的温度范围内，一般温度愈高，块根含糖量愈多。据国外的研究，认为西印度群岛所产甘薯含糖量对淀粉的比值较高，气温较低的美国南部所产的比值次之，气温更低的美国北部比值更低。

甘薯对低温的忍耐力常因品种而不同。据华北农业科学研究所及山东省农业科学研究所分别获得的结果认为，华北117耐霜力远优于胜利百号。四川东部山区生长期温度较低，当地栽培的湖南苕的耐寒力也比一般地区的栽培品种为强。南方秋冬薯区栽培越冬薯，对品种耐低温能力更有特殊的要求。上述情况说明，不同甘薯品种对温度条件的反应是不同的，而这些感温性不同的生态类型，是甘薯品种在长期的系统发育过程中，同化了其所处的温度条件而形成的，同时也是长期人为选择的结果。华南师范学院等以不同抗寒力品种禺北白和白骨企龙进行生理研究，认为甘薯的含糖量也与抗寒有关。在冬季温度变化期间，植株含糖量高的品种，是增强抗寒能力的生理基础。

甘薯叶片一接触到霜，一般就会受到杀伤，无论是地上部或地下部，长时间暴露在10℃下，就会遭到伤害（也称冷害）。

## （二）水分对甘薯生长的影响

植物细胞的生命活动必须以水为介质，任何时候甘薯体内的实际含水量仅是其生长过程中吸收水分的极小一部分。据国外研究，甚至在潮湿气候下，从土中吸收的水分只有千分之二三被利用，而在干燥条件下则只有千分之一被利用，其余都通过植物体蒸发掉。水分是甘薯有机体的重要组成部分，含水量少的部分约为55％，含水量多的部分可达90％以上。活的细胞原生质是不可能没有水分的，水分保持着细胞的膨压，维持着固有形态。同一切高等植物一样，甘薯体内所有生理活动过程都是在水的存在下进行的。土壤中的矿物元素必须溶于水才能被吸收，这些元素被带到生长中的甘薯各部分并合成为植物体的重要物质。水分在光合作用过程中也是不可缺少的，它同二氧化碳一样是合成碳水化合物的基本原料，即在有叶绿素和光能存在的情况下，空气中的二氧化碳以气态通过气孔扩散进入叶片，但在与水化合而形成单糖之前，首先在叶内溶于水。此外，作为生态因素的水，在甘薯生活中占有极为重要的地位。生长着的甘薯不断由土中吸取水分，其中绝大部分通过蒸腾作用散放到空气中。这种吸收与散放水分代谢过程，使植物得以保持稳定的体温，即使在夏季炎热干旱的中午，植株也不致受到灼伤，并保证了正常活动的进行。

1.甘薯的需水量和不同生育时期需水规律

据国内外研究，甘薯一生的需水量，其蒸腾系数在300～500间，这个数值低于一般旱作物。但因甘薯蔓叶繁茂、营养体较大、单产较高、生育较长，栽培过程中田间耗水量的绝对数值却高于一般旱作物。我国各灌溉研究部门的资料指出，甘薯的田间耗水量常因各地生态条件和农业技术水平的不同，差异颇大，一般在500～800毫米间，相当于400～600立方米的灌溉量。1981年河南省农业科学院试验表明，田间耗水量随着产量的提高而增加。在较高的产量范围内(2287.5～4637千克/亩)，田间耗水量与产量呈极显著的正相关(r＝0.96085)，并初步认为春薯产量为2500～4000千克/亩时，田间耗水量为450～750毫米，相当于300～500立方米/亩的灌水量。

适宜甘薯生长的土壤水分一般为最大持水量的60%～80%，在此范围内即可满足甘薯芋类蔬菜的生理需水，又具有良好的空气状况，保证生长旺盛。但甘薯在不同生育时期的需水特点是有差别的。现根据不同生育时期的生长特点和需水状况分述如下：

(1)发根分枝结薯期。本期的前期薯苗尚小，耗水量少，且根系正在建成中，吸收机能低；但苗小土面暴露大，表土水分变化大，薯苗较易失去水分平衡，此时受旱极易引起薯苗发根的延迟和萎蔫，其后果影响很大，轻则增加小株率，重则造成缺苗。这一时期的土壤水分一般以保持在土壤最大持水量的60%～70%为宜。春薯栽插时，气温不高，土壤水分保持不低于65%即可满足。夏薯栽插时，气温较高，土壤水分较前宜稍高。至于本期的后期蔓叶生长较快，根部生长亦有较大发展，加以气温渐高，植株需水量渐增，这时以保持土壤最大持水量的70％为宜。如果水分不足，会影响蔓叶生长，光合面积增长缓慢，不利块根形成。本期耗水量约占总耗水量的20％～30％。一般每亩昼夜耗水量有1.3～2.1立方米。

（2）蔓薯并长期。本期蔓叶生长迅速，叶面积大量增加，加以气温升高，蒸腾旺盛，在水分的吸收与损耗方面易发生矛盾，是甘薯耗水最多的时期，一般约占总耗水量的40％～45％。每亩昼夜耗水量可达5～5.5立方米。这时的供水状况一方面对个体与群体光合面积的增长动态起制约作用，另方面又影响蔓叶生长与块根养分积累的协调关系。如这时供水不足，蔓叶生长减弱，导致光合产物的合成和积累减少。但如土壤水分过高，结合高温多肥，往往引起蔓叶徒长，带来有机养分分配上失调，降低块根产量。因此，这个时期的土壤水分在保持土壤最大持水量的70％～80％为宜。

（3）薯块盛长期。本期蔓叶生长渐缓，最后停止生长，而块根则迅速膨大，加之气温渐低，耗水量较前减少，一般约占总耗水量的30％～35％。每亩昼夜耗水量在2立方米左右。这个时期适当的供水仍然是重要的，它既可使叶部生理机能不致早衰，同时又保证了光合产物向块根运转所需的介质。土壤水分以保持最大持水量的60％左右为宜。这时如果缺水，植物易早衰，块根增长减缓，甚至过早结束有机养分的积累过程，使产量降低；但如土壤水分过多，对甘薯生长也是有害的。因为在有机养分合成和积累过程中，需要消耗大量的能量，土壤通气性的恶化，会影响甘薯的正常呼吸作用，不能提供必要的能量，从而导致块根减产，干率下降。

总之，甘薯从栽插到收获，其需水规律大体上可概括为耗水强度由低到高，蔓薯并长期达高峰，然后再由高到低，即需水量由少而多，再由多而少。

2.甘薯的耐旱性及其特点

从甘薯的形态解剖结构来看，是一种需水较多的中生型植物，但其个体发育反应的特点远较小麦、玉米、棉花、大豆等作物耐旱。甘薯的再生力特强，其块根、蔓和叶的各个部分都可作为繁殖器官。生长着的蔓即使悬挂在空中，只要空气湿度稍高，其节部即可抽出新根。因此，在受旱后遇到适宜的水分供应，能很快恢复生长。甘薯在我国和世界各地分布广泛，在我国年降雨量不足200毫米的地区并未限制其进行大面积栽培的事实，足以说明这一点。在不同气象水文年，甘薯单位面积产量较其他旱作物稳定，甚至较长时期干旱，受到的损害也比其他作物为轻。湖北大冶农民盛传："苕是铁罗汉，干死有一半。"江苏徐州地区群众称甘薯为一条旱龙，体现了群众对甘薯耐旱性的评价。

甘薯耐旱性较强，是构成甘薯稳产的一项主要因素。这一特性的形成，与其体内水分状况和生育特点有关。显然这种耐旱性是甘薯在系统发育过程中形成的特性。甘薯原产地区旱雨交错的生态条件和秋冬季节的长期干旱，是其耐旱特性形成的历史根源。甘薯耐旱性表现在个体发育过程中有如下几方面的特点：

(1)甘薯吸收根系非常发达，入土较深，一般可深入土层达1米左右，少数根扎得更深。据国外资料以黄泽西(Yellow Jersey)为材料，观察不同时期吸收根的入土深度，结果指出，在栽插后第23天，根深已达43厘米，到第53天与第121天之间时，多数根已深达130厘米，最长根达173厘米。1947年的国外资料表明，在沙壤土不灌溉的情况下，观察到普利苕到生长末期根深已达240厘米以上。据山东省烟台地区农业科学研究(1978)观察，甘薯吸收根的根毛很发达，约为大豆的十余倍。这些都说明甘薯在一定程度上能适应干旱环境条件。

(2)甘薯体内胶体束缚水含量较高,这种水分状态为甘薯在干旱环境下耐脱水提供了条件。中国农业科学院甘薯研究所的研究结果指出,干旱条件下甘薯叶组织内的自由水丧失很快,但胶体束缚水能保证原生质体化学特性的稳定。因此,其持水力与耐脱水性均优于大豆、棉花,显然这是甘薯在夏季炎热干旱的中午,在土壤水分不足时较迟出现萎蔫现象的原因。河南洛阳专区农业科学研究所的资料表明,在丘陵弱碱地上,当土壤绝对含水量降到11.20%时,夏玉米和夏谷子在中午表现出明显的叶片失水卷曲现象,而甘薯则还未出现萎蔫症状。

(3)甘薯在供水不足时,植株可以发展成适应旱生的形态结构,表现在细胞和叶片变小,叶的输导束变密,叶片变厚,单位叶面积上的气孔变小等,形态上和解剖结构上的这些适应旱生的特征虽不符合高生产率的要求,但能在一定程度上降低水分的损耗和增强叶组织的耐脱水力。这种对干旱的适应反应,是甘薯在地理分布上较广的一个原因。海南省东方县的秋冬薯,往往整个生长期内降雨量极少,甘薯的长相就属于上述状态。

(4)甘薯与一般以生产种子为目的的作物不同,产品是块根。生产种子的作物在其一生中具有对水分反应极敏感的临界期,在此期间的短暂脱水就会导致产量显著降低甚至完全无收。甘薯遇干旱时生长虽然受到一定的影响,但一经改善供水条件,蔓叶根恢复生机快,随即继续生长。这一特点是甘薯在不同气象水文年产量相对稳定的重要原因。

(5)甘薯在收获前的生长期中,块根含水量一般在70%～80%左右。因此,当干旱来临时,在一定时期内这些块根对水

分就能起到自动调节的作用，这是甘薯在供水不足时并不停止生长的重要原因之一。

甘薯能耐旱只是从在干旱情况下忍受力强而且仍可保持一定的吸收量来衡量，绝不意味着甘薯在供水不足的情况下可获得高产。在其一生中仍然存在一个对水分相对敏感的时期，即发根分枝结薯前期，因为这个期间根系正在形成，入土一般不深，加以表土缺乏叶片覆盖，水分容易散失。因此这个时期供水正常与否，对甘薯生长和今后块根产量都有重要影响。据国外(1958)资料，用普利莕进行了不同时期干旱对产出率量的影响研究结果表明，早期(栽后 40 天内)受旱的处理比全期不缺水的处理减产 38%，而前期不旱中期受旱的年里则仅减产 5.5%。这说明栽后 40 天内是甘薯需水最关键的时期。当然，在甘薯的整个生育期中，任何后期缺水则减产达 10%以上。因此，生产上应根据甘薯不同时期的需水规律，结合当地的供水情况，在确保发根分枝结薯期需水的基础上，力争满足蔓薯交长期和薯块盛长期的需水，才有可能夺取甘薯高产。

3.供水失调对甘薯生长的影响

我国薯区的土壤水分来源主要依靠降雨，人工灌溉只是辅助手段。因此难以满足甘薯的需水要求。当干旱来临时，在土壤水分过低的情况下，特别是当土壤水分降至最大持水量的 45%或更低时，甘薯根部的生长受到抑制，体内水分减少，植株不能保持水分平衡，因而导致叶片不同程度地萎蔫，但即使是轻度萎蔫，也会显著削弱光合能力，影响有机养分的合成和运转，而且正在膨大中的块根如遇这样的水分条件，其中柱细胞木质化程度高，难以继续膨大，这些都会导致块根减产。已形成的块根皮厚而粗，多呈圆形或不规则形，薯数也少，淀粉含量低。反之，如遇长时间的降雨或雨量过于集中，又会形成土壤水分过高的状态，对甘薯生长不利。土壤水分过高必然带来土壤通气性差的状况，相应地会引起土壤空气成分的变化。这种状态出现的原因，是由于土壤空气总量的减少，以及根部呼吸作用的结果，一方面使氧气愈来愈少，另一方面又使二氧化碳大量积累，浓度逐渐增高，反过来又削弱根的呼吸作用，这样既不利于细胞分裂活动，又不能为有机养分合成运转提供必要能量，氮素含量相对增加，造成钾氮比值失调，容易带来地上部徒长的后果，吸收根发生也较多。以上这些对块根生长都是不利的，即使有些成长为块根，也多呈长形，细胞往往变为厚膜，贮藏养分的机能减退，水分高，纤维多，淀粉少，皮孔大而多，品质较差，且不耐贮藏。

认识水分对甘薯生长的影响，在栽培中人为地调节水分以充分满足甘薯生长的需要，对保证甘薯高产具有重要意义。自然降水是植物水分供应的重要来源，但降雨量在季节上的分布不尽符合甘薯生育时期的需水特点。我国甘薯主产区常因雨量不足或分布不匀，时有旱涝发生，从而导致甘薯产量不高不稳的情况。因此，生产上根据甘薯需水特点，结合各地自然降水条件和农业技术措施，通过人工排灌来调节甘薯生长与水分的关系，对进一步提高单产具有重要意义。

### （三）光照对甘薯生长的影响

光照对包括甘薯在内的绿色植物的生长均具有重要影响，这种影响几乎在其全部生活周期中都是明显的。概括起来有以下几方面的作用。

（1）光照是绿色植物进行光合作用、合成有机养分不可缺少的能源。光谱中产生化学效应的是波长在 0.76 微米以下

的短光波。

(2)自然界的光和热都来源于太阳能,光和热是并存的,有阳光就有热。光谱中波长超过0.76微米的光波主要产生温度效应。温度对甘薯的生长发育和地区分布都有明显的影响。

(3)光对甘薯生长的影响,从解剖学结构看,在弱光下细胞壁变薄,木质化进程减缓,机械组织不发达。这种情况的最好例证就是在甘薯叶徒长的情况下,由于下层叶受上层叶的过度荫蔽,薯蔓失去绿色,组织脆嫩,缺乏韧性。甘薯形态在很大程度上受光照强度的影响。在薯蔓长度增长方面对光的反应极为敏感,有光则降低速度,无光则助长蔓的增长速度。强光对薯蔓增长速度具有很强的抑制作用,光愈强抑制生长的作用愈大。所以形态上强光下生长的薯蔓比弱光下的节间短些,在黑暗中生长的叶片不能完全张开,蔓细而节间长,色泽变淡。

(4)甘薯的生长不仅受光照强度的影响,而且也受曝光时间长短的控制。

1.光照与甘薯的光合作用

植物光合作用过程是在有叶绿素和光能存在的情况下,空气中的二氧化碳通过叶片上的气孔扩散进入叶内,与叶内水分化合形成糖。气孔对光照条件是敏感的,一般在有光情况下气孔张开,无光时闭合。光之所以能控制气孔张开,主要是通过引起有利于保卫细胞中淀粉转化为糖的情况而导致气孔开放的。甘薯的光合器官是叶片,它的叶龄、叶绿素含量、叶片数和叶面积指数,以及光合强度和效能,对块根干物质的形成和积累都有密切关系。

(1)光照强度与光合强度。甘薯叶片的光合强度是随其所接受的光照强度而变化的。光照强度直接影响甘薯合成碳水化合物的能力。在一定范围内，光照强度大，其光合强度也较高。但在过强的光照下，一方面强光对甘薯的叶绿素起破坏作用，另方面又会加强甘薯的蒸腾作用，从而导致叶部气孔关闭和光合作用的终止。据中国科学院生物学部在北京(1959)的研究结果，当光照强度分别为 34140、25220 和 5160 勒克斯时，甘薯叶片相应的光合强度分别为 4.228、1.960 和 0.424 克/(平方米・日)。广东省农业科学院(1981)在"高产甘薯的光能利用"一文中认为，太阳辐射量在 300～350 卡/(平方分米・日)的范围内，最适宜甘薯的群体生长。甘薯叶层分布较薄，上层叶的受光条件显著地优于中下层叶。据广东省农业科学院测定，如甘薯上层叶的光照强度为 100%，中层和下层叶的受光量分别为上层的 36.80%及 7.40%，那么光合强度也由上层叶的 17.1 毫克 $CO_2$/(平方分米・小时)分别下降到中层的 7.6 毫克 $CO_2$/(平方分米・小时)和下层叶的 4.7 毫克 $CO_2$/(平方分米・小时)。空气中的云雾存在情况对叶面受光强弱有明显的影响，一般在多云天光照强度相应减弱，而在晴朗天就明显地提高。据国外测定，甘薯叶片光合强度的最高值为 20 毫克 $CO_2$/(平方分米・小时)。据山东省烟台地区农业科学研究所测定，甘薯叶片的光合强度在晴天约为 10～12 毫克 $CO_2$/(平方分米・小时)，平均值为 7～8 毫克 $CO_2$/(平方分米・小时)。在一天之内，上午的光合强度较高，可达 12 毫克 $CO_2$/(平方分米・小时)左右，午后逐渐减弱，至午后 4 时以后，下降为 2 毫克 $CO_2$/(平方分米・小时)左右。

北京、广州、烟台三地先后分别测定的数据一致地指出了一个共同的趋势，即在一不定期范围内光合强度随光照强度

成正相关关系而变化。因此，充足的日照条件，如晴天多、光照足，对甘薯的生长和结薯都是有利的。日照充足不仅直接影响光合强度，充分发挥甘薯的光合作用潜力，而且还有间接提高温度，增加昼夜温差，促进块根膨大的作用。我国北方甘薯产区生长期短，降雨量少。其之所以能保持一定的产量水平，与较好的光照条件是分不开的(表 2-2)。当光照条件较差时，会削弱光合强度，减少有机养分的合成和积累。特别当甘薯地上部生长过旺时，由于上层叶的荫蔽，大量的中下层叶只能得到较弱的光照条件，引起叶片发黄，大大削弱光合作用的能力。

**表 2-2　我国北方地区及南方地区全年日照时数比较表**

| 地区 | 北方 | 南方 |
| --- | --- | --- |
| 全年日照时数范围(小时) | 1963.9～2920.3 | 1061.2～2307.4 |
| 全年平均日照时数(小时) | 2590.3 | 1802.1 |
| 相对百分率(%) | 100 | 69.6 |

注：北方包括河北、河南、山东、辽宁等省区，南方包括四川、湖南、江苏、浙江、福建、广东等省区。

(2)甘薯的叶龄与叶绿素含量。叶绿素是植物进行光合作用不可缺少的重要物质，它的含量多少直接关系着光合强度的大小。在一定范围下，甘薯光合作用强度大小与叶绿素含量高低呈正相关关系，而叶绿素含量则有随叶龄的增大而下降的趋势(表 2-3)。据安徽农学院(1978)对甘薯品种徐薯 18 号和宁薯 2 号的夏薯进行了不同叶位叶片光合强度的测定结果，叶龄约 7 天的上部叶的光合强度高于叶龄约 25 天的中下部叶达 20%。叶片正面和反面的叶绿素含量也有较大差异，正面的含量高于反面的含量。据中国农业科学院薯类研究所和山东省烟台地区农业科学研究所报道，甘薯叶反面的光合能力约为正面的70%～76%，这是翻蔓导致减产的原因之一。

**表 2-3　甘薯不同叶位的叶绿素含量**

| 品种名称 | 叶位顺序 | | | | | | | | |
|---|---|---|---|---|---|---|---|---|---|
| | 2 | 7 | 12 | 17 | 22 | 27 | 33 | 37 | 43 |
| 徐薯18号 | 3.20 | 3.25 | 3.10 | 2.55 | 2.30 | 1.55 | 1.45 | 1.55 | 0.80 |
| 宁薯2号 | 3.25 | 3.55 | 3.65 | 3.20 | 2.80 | 1.25 | 0.95 | — | — |

注：①栽插期为6月30日，测定期为9月28日；②叶位顺序数指从顶部第一片展开叶起的顺序数；③叶绿素含量为：毫克/平方分米。

叶片是植物的光合器官，由抽出、展开至衰落的时间为叶片的一生，在它的一生中担负着制造有机养分的重要任务。不同的叶片间叶龄上存在一定的差异。据广东省农业科学院(1961)的观察，甘薯叶片的寿命一般为30～50天，最长的可达80天以上。高温期形成的叶片，叶龄较短，而低温期形成的叶龄较长。又据湖南省农业科学院的资料(1962)，早栽的甘薯叶龄较长，为62.9～74.7天，6月中旬栽的，叶龄较短，为47～58.8天，同样说明了叶片形成时期的温度条件对叶龄的影响。甘薯叶龄老幼与其相应的光合能力存在负相关关系。据测定，刚展开的叶片光合能力弱，但总的说来，上部叶的光合能力比基部老叶强。老龄叶虽全部仍保持绿色，但其光合强度只有5毫克$CO_2$/(平方分米·小时)。叶片虽是生产养分的器官，但它本身的形成也要耗用大量养分。因此，新老叶片更新一次需要消耗相当多的养分，而甘薯一生中新老叶片的更新可多达3～4次。这就指出，在栽培上采取适当措施保护叶片和延长叶龄以减少叶片更迭次数，将是增加干物质积累和提高块根产量的有效措施。

2. 光照对其他环境条件的影响

光照不仅对甘薯有机体产生影响，而且还影响着其周围的环境条件，随着光照条件的改变，空气和土壤的温湿度，以及土壤的微生物活动和化学变化都会发生相应的变化。如以光照对植物体温度的影响为例，光照通过温度作用，可以不同程度地促进植物的蒸腾作用，从而使土壤中的无机营养物质溶液从根部沿着藤蔓上升供生长利用。光照影响植物的蒸腾率可能与以下情况有关：①叶片温度的提高；②原生质膜较大的渗透力；③细胞壁胶体发生了有利于水分渗透的变化等。

实践证明，不仅光照的强弱对甘薯的生长发育有关，一昼夜内光照的时数对甘薯生长发育也有重要影响。据台湾省(1954)的研究，12.0～12.6 小时的光照有抑制甘薯茎部生长、促进块根重量增加的作用。

综上所述，在甘薯栽培上为了提高光的利用效率，必须注意以下各点：如栽培地的选择，地势和坡向的利用，采取适宜的垄向以改善光照条件，发展光合势，并结合地区特点，品种特性和其他有关条件等进行合理的密植，在田管理技术上要求土壤疏松，保证结薯良好，肥水及时适量供应，促使叶面积上升既快且稳，以达到对光照最大限度的利用。

### （四）空气对甘薯生长的影响

甘薯和其他植物一样是生活在空气中的。对甘薯生长来说，空气和温度、光照、水分一样，是甘薯生态环境所不可缺少的一个因素。甘薯的蒸腾和呼吸等生理活动的进行都离不开空气。

空气随其所在环境的不同，可分为大气中的空气和土壤中的空气，两者都与甘薯生长有密切关系。

1. 大气空气与甘薯生长的关系

大气中的空气是一种混合物，它含有各种气体、水蒸气和灰尘。空气的气体成分基本上是稳定的。空气中含有氮气78%、氧气21%、二氧化碳0.03%和少量的其他气体。氮气含量最多，但与甘薯生长的关系不大。这些气体成分与甘薯生长有直接关系的，主要是氧气和二氧化碳。

甘薯在进行光合作用时，二氧化碳是不可缺少的。如前所述，在光的存在下，通过叶绿素的特殊功能，把二氧化碳和水加工成碳水化合物，在这个过程中放出氧气。到夜间，这种消耗二氧化碳的过程停止了，这时甘薯主要是进行呼吸作用，而氧气是呼吸作用所必要的，而二氧化碳则是呼吸作用的产物。由于大气中的空气含量较多，甘薯地上部器官一般是不缺氧的。

二氧化碳主要来自动植物呼吸作用、土壤微生物的活动以及可燃物在燃烧过程中释放出的气体。光合作用的强度在很大程度上取决于二氧化碳的浓度。研究证明，当把二氧化碳的浓度增加三倍时，植物的光合强度也将增加三倍，不过空气中含有二氧化碳很少，所以二氧化碳含量上的很小变化，就会对植物的光合作用产生较大的影响。当空气中的二氧化碳含量减少时，光合作用也就减弱。

空气中有时含有氯、硫或二氧化硫，对甘薯是有害的。空气中含有的水蒸气分子或灰尘会减弱光合作用，而且不利于甘薯的呼吸作用。空气流动成风，可以改变空气的温度和湿度，加强叶面蒸腾作用。空气的这些情况都可在一定程度上影响甘薯的生长和结薯。

2. 土壤空气的特点及其与甘薯生长的关系

土壤空气比大气空气在所处空间方面受到的局限更大，它处在土壤粒子间大小不等的空隙中，因此其含量在很大程度上受土壤水分的支配。土壤通气状况良好与否决定于土壤本身空隙的大小和数量的多少，特别是大孔隙(即非毛细管孔隙)所占比例。小孔隙(即毛细管孔隙)容易被水充满，大孔隙是土壤空气的主要通道，又称空气空隙，一般占15%～20%，适于甘薯生长。当土壤含水量较低时，土壤空气中氧气和二氧化碳的总和一般保持在19%～22%，以二氧化碳含量较高，氧气含量低些。这是由于根的呼吸作用和微生物的活动都需要消耗氧气而放出二氧化碳所致。因此，土壤表层二氧化碳浓度比大气中的高，而氧气浓度又比大气中的低。在这种情况下，如果能采取补充氧气的措施，对促进块根的生长是有益的。中国科学院土壤研究所和中国农业科学院甘薯研究所(1960)的合作试验结果指出，对土壤进行人工输气，能显著地促进甘薯的生长(表2-4)，从而有力地证明，提高空气中的氧含量，对甘薯块根的形成和膨大都是有利的，因为在块根形成和膨大过程中，细胞分裂、淀粉积累等都需要通过根部的呼吸作用提供能量。这就要求土壤空气中含有足够的氧气，以保证根部正常的呼吸作用。甘薯块根生长对土壤空气中氧含量的要求远比小麦、玉米、大豆、棉花等作物高。在通气性好、氧含量高的土壤里，块根长得快、产量高。因此，一切改善土壤通气性的措施，如促进土壤团粒化、深耕和垄作栽培等，都可以促进甘薯块根的形成和膨大。

**表 2-4　土壤人工输气对甘薯生长的影响**

（中国科学院土壤研究所及中国农业科学院甘薯研究所，1960）

| 处　理 | 测　定　项　目 | | | |
|---|---|---|---|---|
| | 分枝数（个/株） | 叶片数（片/株） | 地上部重（克/株） | 块根数（个/株） |
| 不输气（对照） | 2.0 | 40.3 | 39.7 | 3.3 |
| 人工输气 | 3.9 | 46.0 | 47.5 | 5.0 |
| 比对照增长数 | 1.9 | 5.7 | 7.8 | 1.7 |
| 增长％ | 95.0 | 14.1 | 19.8 | 51.5 |

注：①土壤容重为 1.3 克/立方厘米；②表内数据均为三次重复的平均值。

3. 土壤通气性对甘薯根部生长的影响

由于根部所需全部氧气必须取自土壤空气，因此当土壤通气不良时，甘薯根部的呼吸作用会造成氧气不足。此外，也由于积累了高浓度的二氧化碳，又转而妨碍根部的呼吸。研究表明，块根形成和膨大所要求的重要条件之一，即土壤的良好通气性。在通气性好的条件下，根的呼吸作用旺盛，有利于细胞分裂活动和地上部光合产物向块根运转和积累。据浙江农业大学采用同位素 C 测定甘薯的结果，证明在土壤湿度较低、通气性良好时，表现为促进 C 向块根方向运转。但如在相反的情况下，则 C 向块根方向运转的趋势受到抑制。土壤通气性差会削弱根的呼吸作用，不利于细胞分裂活动，而且还缺乏足够的能量去吸引地上部光合产物向地下运转。这就会形成叶部碳水化合物浓度较高的状况，从而相应地降低光合强度和有机养分向块根运转的速度。此外，还会削弱根系吸收钾素的能力，但对吸收氮素的能力却影响不大。降低甘薯体内钾氮比值的结果，抑制了块根的膨大，同时，还会导致蔓叶的旺长。土壤含水过多引起通气不良的情况，往往导致幼根

在发育过程中形成畸形的柴根。幼根在土壤通气性好的情况下，结合充足的钾肥和适当的温、光、水等条件，就容易形成和膨大为块根。土壤中水分和空气含量的比例在一定条件下可以影响土壤温度，因为空气热容量小、导热率低。当土壤空气含量较高时，土温在白天上升较快，而在夜间下降也较快。这样的土温变化对促进块根膨大是有利的。生产实践上采用垄作栽培易获得较高的薯块产量，其原因之一就在于此。

# 第三章　选种与应用

## 第一节　资源与品种特性

### (一)甘薯种质资源的鉴定和评价

1. 甘薯种质资源的现状

甘薯种质资源是指经过长期自然演化和人工创造而形成,具有一定的遗传物质,在甘薯生产和育种上有利用价值植物的总称。包括甘薯野生资源、地方品种、选育品种、品系、特殊遗传材料等。甘薯为无性繁殖作物,在长期的人工改良、自然选择过程中,品种间同质性加强,产生遗传侵蚀。早在 20 世纪 30 年代丁颖教授已开始进行了甘薯品种资源的收集与保存,开创了我国甘薯品种资源研究的先河,后因抗日战争的洗劫造成所征集的 500 多份资源全部遗失。中华人民共和国成立后,为了避免农家品种因推广优良品种而丢失,我国在 1954—1958 年和 1979—1982 年期间先后在东南沿海和长江流域以北甘薯产区进行过两次全国性的甘薯种质资源收集工作,至 1982 年共收集到 1442 份资源,经过整理于1984 年末完成了《全国甘薯品种资源目录》的编辑和出版,收入种质资源 1096 份,这部分材料因分散保存在各个研究单位,加之病虫害危害,目前已有 300 余份丢失。徐州甘薯研究中心与国际马铃薯中心(CIP)合作,先后在黑、陕、甘、晋、滇、黔、闽、

桂、琼等省考察收集甘薯资源500余份。国家种质广州甘薯圃在1990年挂牌后也从国内外新引进资源400多份。90年代以来,我国先后从CIP、美国、日本、菲律宾、泰国引进上百份资源。

目前我国的甘薯资源保存数量为2000余份,但与CIP的5000余份相比还有较大的差距。

在国家种质资源圃库的建设方面,根据国家的统一规划并经国家种质资源专家组的验收,1990年在广东省农业科学院挂牌建立了"国家种质广州甘薯圃",1996年在江苏省徐州甘薯研究中心挂牌建立了"国家种质徐州甘薯试管苗库"。

2. 对甘薯种质资源鉴定和评价的依据

对甘薯种质资源鉴定和评价主要依据形态特征、生物学特性和经济特性等三个方面进行。

(1)形态特征。主要包括以下几个方面:

顶芽色,栽插后封垄期,主茎的顶芽的颜色。

顶叶形状,封垄期,主茎第一片展开叶的轮廓。

顶叶色,封垄期,主茎第一片展开叶的颜色。

叶片形状,封垄期,主茎顶端下第6~10片叶的轮廓。

叶色,封垄期,主茎顶端下第6~10片叶正面的颜色。

叶脉色,封垄期,主茎顶端下第6~10片叶叶脉的颜色。

叶柄长,薯蔓并长初期,主茎顶端下第6~10片叶叶柄的长度,单位为厘米。

茎色,封垄期,主茎蔓的颜色。

茎粗,薯蔓并长初期,主茎顶端下第6~10叶片间节间的直径,单位为毫米。

基部分枝,薯蔓并长初期,主茎基部30厘米范围内、

10 厘米以上的分枝数量，单位为个。

蔓长，收获期（茎段栽插后 120～130 天），茎基部至最长蔓顶端的长度，单位为米。

株型，封垄前（茎段栽插后 30～35 天），茎蔓和分枝的形态与空间分布状况。

薯形，收获期，薯块的形状。

薯皮色，收获期，薯块表面的主要颜色。

薯肉色，收获期，薯块横切面薯肉的主要颜色。

（2）生物学特性。

包括：萌芽性，发根缓苗习性，茎叶生长势，自然开花习性，结薯习性，耐旱性，耐湿性，耐盐碱性，耐肥性，耐瘠性，耐贮性，抗虫性。

（3）经济特性。

鲜薯品质、薯干品质、蒸煮品质性状。鲜薯品质性状包括烘干率、粗蛋白含量、粗淀粉含量、粗可溶性糖含量、维生素 C 含量、β-胡萝卜素含量等；薯干品质性状包括粗蛋白含量、粗淀粉含量、粗可溶性糖含量；蒸煮品质包括面度、甜度、黏度、香度、纤维含量和品质综合评价。

## （二）甘薯品种类型

### 1. 根据适应不同季节栽培的能力分为春、夏、秋、冬等四种类型

（1）春薯。指适宜在 4 月中旬至 5 月下旬栽插的品种。

（2）夏薯。指适宜在 6 月上旬至 7 月中旬栽插的品种。

（3）秋薯。指适宜在 7 月上旬至 8 月上旬栽插的品种。

（4）冬薯。指适宜在当年 11 月栽插，次年 4～5 月收获的品种。

2. 根据适应不同用途的能力分为兼用型、淀粉型、食用型、叶菜型、高花青苷型、高胡萝卜素型、其他类型等

(1)兼用型特征与当前品种鉴定、审(认)定及登记标准。兼用型甘薯是指既能食用也能作淀粉加工用的品种,一般淀粉含量和鲜薯产量均较高。目前这类品种的鉴定、审(认)定及登记标准是,薯干平均产量比对照增产5%以上,60%以上试点比对照薯干产量增产,薯块干物率不低于对照2个百分点(高抗两病的品种薯干产量比对照减产不超过5%),抗一种以上主要病害,综合性状较好。

(2)淀粉型特征与当前品种鉴定、审(认)定及登记标准。淀粉型甘薯是适宜用于淀粉加工的一类品种,一般淀粉含量较高,鲜薯产量适中。目前这类品种的鉴定、审(认)定及登记标准是,淀粉平均产量比对照增产8%以上,60%以上试点淀粉产量均比对照增产,薯块淀粉率比对照高1个百分点以上(高抗两病的品种淀粉产量不低于对照),抗一种以上主要病害。

(3)食用型特征与鉴定、审(认)定及登记标准。食用型是指适宜用于直接煮食或鲜食用(包括饲料用)的一类品种,一般淀粉含量适中,鲜薯产量较高。目前这类品种的鉴定、审(认)定及登记标准是,鲜薯平均产量不低于对照,结薯早、整齐集中,薯块无条沟不裂口、薯皮光滑,贮藏性好;粗纤维少,熟食味评分高于对照;干物率不低于对照五个百分点,抗一种以上主要病害。

(4)叶菜型特征与鉴定、审(认)定及登记标准。叶菜型甘薯是其茎叶适宜用于作蔬菜的一类品种,一般茎尖分枝能力较强,对地下薯块并无要求。目前这类品种的鉴定、审(认)定及登记标准是,茎尖产量比对照增产,食味评分不低于对照,抗一种以上主要病害，其他综合性状较好。

(5)高花青苷型特征与鉴定、审(认)定及登记标准。高花青苷型甘薯是适宜用于花青苷提取的一类品种。目前这类品种的鉴定、审(认)定及登记标准是，花青苷含量大于30毫克/100克(鲜薯)，鲜薯产量比对照减产不超过20%；花青苷含量大于20毫克/100克(鲜薯)，鲜薯产量比对照减产不超过10%。

(6)高胡萝卜素型特征与鉴定、审(认)定及登记标准。高胡萝卜素型甘薯目前的鉴定、审(认)定及登记标准是，胡萝卜素含量大于15毫克/100克(鲜薯)，鲜薯产量比对照减产不超过20%；胡萝卜素含量大于10毫克/100克(鲜薯)，鲜薯产量比对照减产不超过10%。

(7)其他类型。有市场前景和特别利用价值的品种。

## 第二节　品种选育

### (一)甘薯育种试验的特点

甘薯在遗传上是高度杂合体，有性繁殖表现种子个体间不一致，因而同一个杂交组合的$F_1$种子所长出的实生系是分离的群体，具有丰富的遗传变异类型，增加育种的选择机会，这正是甘薯育种的关键环节。而无论是得到的突变，或基因重组所产生的质量性状的显隐性或数量性状中的加性和非加性效应，只要是被人们精确选中的，都能通过无性繁殖途径固定下来，遗传下去，其中的杂种优势也能长期利用，不需要选育出一个特殊基因型，也不采用传统的系谱育种步骤，在生产上所用品种类型属无性系品种，这是甘薯育种的最大特点，必

须把握 $F_1$ 实生系分离世代的选拔。甘薯是无性繁殖作物，是用块根繁殖，在北纬 23 度以北地区多数品种在自然条件下一般不开花，因此在进行杂交及育种试验中须加以重视。

在进行甘薯杂交育种时大多数材料要诱导开花。诱导甘薯开花还要有一定的设施，到秋季室外温度低于 20℃时即不能做杂交工作，因此必须要有高温温室和短日照处理的设施，有条件的还要有网室以防昆虫传粉。种子播种时也以有温室设施为好。

甘薯是以贮藏器官块根作为繁殖种薯的，块根带有很多水分，收获后必须保存在 9～13℃的条件下，才能安全贮藏越冬。我国南方广东、广西等省、自治区有以薯蔓越冬繁殖的，但继续多年用薯蔓繁殖则易引起退化，产量降低，所以大部分还是用块根。这比其他作物带来的不便是要有贮藏块根的薯窖，还要有一套管理技术，以防烂窖。春天时要采用温床、火炕等加温设备进行育苗，要防止烂床。

甘薯的田间试验是比较复杂的。甘薯种苗准备时间短促，试验中有紧张感，安排试验既要周全又要灵活。如在进行甘薯育种的春薯田间试验时间相当紧，从苗床上拔苗，分品种重复整理，还要及时插植，隔天数多了秧苗质量下降，成活率和还苗率降低，试验不准。如苗床上由于萌芽性不同，有的品种秧苗数量不够时，就不能进行田间试验。插植秧苗时没有水不行，如遇大风雨也不行，插后未生根成活前，遇晴天烈日、高温曝晒也不行。因秧苗柔嫩，往往因干旱、日晒或雨打风吹造成缺苗，或母叶脱落以致成活快慢不一致，特别是 $F_1$ 实生系世代，每系株数少，同系内不同株间往往出现株间差异大于不同系间的差异，严重影响入选系的准确性；在进行夏薯田间试验时，从春薯上剪秧，分品种分重复整理，还要在一天内及时插植。如春、夏薯不在一个地点种植，只能分成两天进行，准备工作时间也是很短的。有时计划的品种，因有的品种蔓短，剪不下秧，也会影响到原计划的进行，要做调整。

## （二）甘薯杂交种子及后代的基本处理方法

通过各种方式的杂交而获得的杂交种子，只是创造遗传变异的第一步。从杂交种子到新品系，和育成新品系，最后育成新品种，还需要经过一系列的处理和试验过程。甘薯从种子长出的 $F_1$ 实生系是一个分离群体，是选择关键。国内外甘薯育种研究处理杂交后代的方法，有系谱法和混合法两种基本方法，在此基础上又生出一些其他形式的方法。

甘薯常规品种杂交后代的处理方法一般采用五圃制，属系谱法。该方法是我国沿用了几十年的方法，包括实生苗圃和复选圃的选择阶段，以及将选出的品系进一步从各种性状上进行鉴定和适应性试验。

### 1. 五圃制法的工作要点

（1）选择阶段。包括实生苗圃和复选圃，先在温室播种杂交种子，然后移植田间，可整株或剪成几株插入田间。以组合为一小区，并种植相应的亲本和对照，行株距可比正常的稍稀，实生苗圃通常播种上千上万粒，经初选种到复选圃约 2 年，从大量实生苗通过直观和简易测定方法筛选基本符合育种目标的品系，并大量淘汰，淘汰率达 95%。

（2）鉴定阶段。将上阶段选出的品系进一步从各种性状上进行鉴定，从初级、中级到高级，鉴定手段从一般到精确，品系数由多到少，小区面积由小到大，并设置重复，通过鉴定达到优中选优。与此同时进行异地鉴定。

（3）品系适应性试验。将鉴定中选的优良品系，参加省级

或地区的区域性试验和生产试验，一方面验证鉴定结果的可靠性，另一方面也明确品系的适应性和稳定性，从而对品系的生产利用价值作出全面评价。试验要求组织试验的单位按规定进行。有条件的可将试验、丰产示范、快速繁殖相结合。省区域试验和联合区域试验后的试验和要求将在下面进行阐述。

2. 处理甘薯杂交后代的改进方法之一

用五圃制法处理杂交后代时，由于在 $F_1$ 实生系分离世代仅于一、二点次进行选择并大量淘汰，往往将很多有价值而不适于该点次条件的材料淘汰掉；入选系在第 2～3 年如种在另一条件下，常表现性状不稳定，特别是产量性状变化更大。

本方法的主要特点是 $F_1$ 实生系及其无性一代的选择在同一年春、夏薯进行，主要选株系，如果选得准，种薯够，也可不经过下一年的复选圃。如果进入下一年复选圃，则有二次株系选择，可以更客观、更有利于选育品种。这也是各育种单位目前常用的方法。

本方法的工作要点如下：

(1)根据育种目标选择优良株系。杂交种子早春单粒点播于温室苗床或盆中，淘汰病苗、畸形苗、劣苗等。然后将实生系按组合从株型、生长势等进行分类选苗，移栽于春薯初选区，按需要设置亲本和对照。对春薯初选区的实生系进行编号，并观察生长势、蔓型、株型、耐旱性等地上部性状。夏栽时，从春薯区每株上剪苗 5～10 个，即无性一代，栽于夏薯株系选择区，每株系插一行。作株系比较，并设对照。收获时是选择关键，以夏薯为主，并参考春薯结果。选择时，抓住关键性状，以官能鉴定法和简易测定法，从株型、生长势、结薯习性、抗病性、生产力、品质等性状观察、测定。在严格掌握标准的前提下，田间入选率一般为5%左右，分别贮存，以便进一步作株系复选试验。

第二年经贮藏，育苗，观察贮藏性、抗病性、萌芽性等，根据性状表现进一步选择，田间仍可种单行区，10～15株，视种薯数量，有条件的可设重复，继续观察和测定上年所进行的性状，尤其是产量性状，从而选出适于育种目标的优良品系。

(2)决选优良品系。在完成选系任务的基础上，继续对入选材料在不同条件下予以鉴定，采用随机区组设计，3行小区，约75～90株，面积为13～15平方米，重复3次，全面鉴定特征特性，有的可设挖根区，观察块根增长动态，并酌情创设对抗逆性、抗病性和贮藏性等直接鉴定或综合鉴定的试验条件；品质诸性状要采取较精确的鉴定方法，力求明确供试品系的全部主要性状特点，鉴定出的优良品系，进一步参加品系比较试验。3～5行小区，约120～200株，重复3～4次，小区面积约33平方米，性状鉴定要求更严。在种苗多的情况下，可同时进行多点试验，确定少数更加优良品系。

在育种试验中，以上两个阶段是主要的，当优系进行下一步适应性试验时，必须有完整的品比资料。这一阶段一般要2～3年。

(3)品种适应性试验。同五圃制法中所述目的意义相同。

整个育种过程中应做到实生系选择要准，鉴定要严，繁殖推广要快。特殊优异材料可破格提升。

3. 处理甘薯杂交后代的改进方法之二

五圃制法的第一年$F_1$实生代分离阶段，只在一、二点次选择，入选率只为5%，很容易将不适于条件的优良实生系淘汰掉。第一年$F_1$入选优系薯块，通过第二年无性系繁殖就可将优良性状固定下来成为一新品系的特点出发，提出第一年实

生系实行多点次加代选择的杂交后代处理方法。其要点如下：

(1)实生第一年是选择重点。在上年根据育种目标选项用高产优质抗病的样本配制种子，在年初及早培育出大量健壮实生顶苗的基础上，将 $F_1$ 实生系就地放在不同条件下多点次选择和当年加代选择。主点设三重复，选择三重复均优和多数点次入选的广谱性优系，并注意食用品质、干率及外观特性等，入选率约1%。

第二年将入选的广谱性优系继续进行多点次鉴定，并进行生长动态观察和品质鉴定及单因子对比试验，包括插秧期、收获期、生育期、山地、平地、不同土质、密度、肥力水平和抗病性等栽培特性鉴定，以进一步评选出少数高产、稳产、适应性广、品质好、抗病的优系。

第三年起到第五年，交叉进行品比、生产试验、异地多点鉴定，并参加省级区域试验，更进一步观察适应性和稳定性。同时也便于最后申请审定和示范推广。

(2)对实生第一年，在多点次筛选中只在1～2点次入选的优系和产量高的单株系，称为专优系，总入选率可达10%以上。第二年这些专优系仍参加多点次鉴定和上年入选有关的单因子对比试验。如与上年相同条件下表现年度间稳产高产的优系，可在第三年以后固定在这一特定条件下(如低密度、高肥力或长短生育期等)进行高级试验，直至将来种植推广。

(3)实生第一年还可就地加代选择早熟和特早熟的品质。第一年杂交种子早春采用营养钵育苗时摘下的顶芽在温室土钵假植一个月，待暖和后移栽大田时，可选择到已结微型小薯的材料。移入大田的钵苗，90天时收选早熟品系，营养钵中的苗移栽采苗圃时也可发现已结微型薯的株系，将两处选出的微型薯单独育苗，并插植无性二代，80 天或 100 天收获，即可选到早熟和特早熟的品系。移栽采苗圃的实生株在剪试验苗结束后，立即测定实生母株的结薯性，也可发现早结薯的材料，当即将实生薯块育苗，剪苗栽插无性二代，实行就地当年加代评选。以上剪苗后的微型薯和实生薯继续加强培育，冬初收获评选结薯情况，既可选到早熟类型，也可选到适合直播用的品系。

(4)实生第一年或第二年即将无性一、二代薯苗送重病区进行抗病筛选，鉴定出入选系抗病性，又可选出抗病品系。

(5)有条件时，第一年将种子或第二年将入选初级材料送到主产区与当地农民进行群选群育，就是育苗，就地评选项，就地繁育，就地推广，遍地开花。瑞薯 1 号、丽群 6 号、梅光红、荆选 4 号、928、港 17 等就是采用此种方式选育出来的。

该方法的特点是从 $F_1$实生系分离世代在不同试验条件下进行选择，供适宜于不同条件的实生系，不会在一个不适应的条件下被无谓地淘汰掉，从而选出适应性广的品系和适于特定条件的专优性品系。并利用早期形成的薯块进行当年加代选拔，从而选育出早熟的品系。这是因为选择是根据材料的表现型进行的，而表现型是由基因型和环境的共同作用产生的，不同环境使基因型有不同的表现。其原理和方法类似于稻麦等作物的穿梭育种。

该方法第 1～2 年工作量大，可根据人力条件适当减少插秧量和鉴定内容，以达到少而精的原则，使获得的杂交种子得到充分利用，不致无谓地被淘汰，尽快准确选育出符合目标的品种。

4. 处理甘薯杂交后代的改进方法之三

日本甘薯育种工作者认为，选择好亲本是决定杂交育种

能否成功的首要因素，因此一直很重视亲本的培育和配合力的测定。尤其是选育淀粉原料的品种，由于淀粉含量主要是由基因的加性效应决定的，而鲜薯重是由杂种优势效应来提高的，因此很有必要通过合力测定来选拔强优组合和亲本（坂井，1964）。

九州农业试验场在选育淀粉原料用品种时，其工作要点如下：

(1)培育亲本。培育亲本的试验方法是通过每年杂交20～30选拔个体，选拔率5%～10%；实生第二年，根据产量、干率选拔品系，选拔率为10%～20%；实生第三年再根据产量、干率，加上抗根结线虫病和根腐线虫病选拔品系，选拔率也为10%～20%。如以20个组合的杂交种子，均以低限选拔率为例，则每年可选拔20个品系。用这些品系提供组合鉴定用。

(2)组合鉴定。组合鉴定的方法用上述所培育的亲本，每年配制70～80个组合，每一组合约采种150粒。实生第一年时进行配合力测定，一方面测定特殊配合力，另一方面用10个测试品种的混合花粉测定一般配合力。根据配合力选拔10～15个组合，并从中根据结薯性再选拔个体，选拔率为5%～10%。从选拔结果，确定优良结合，然后配制生产大量杂交种子。

(3)育种试验程序。育种试验程序的方法为每年配制10～15个组合，每组合约采收1500～2000粒杂交种子。实生第一年根据结薯习性和在线虫密度高的苗床中对根结线虫病的抗性选拔个体，选拔率10%～15%；实生第二年为品系选拔预备试验，根据产量、干率及根腐线虫病抗性选拔品系，选拔率20%～30%，并对入选系鉴定低温耐性，对入选的品系，编上品系序号，成为希望品系；实生第三年进行复选，即根据前一年田间表现，重复观察相关考察数据和特性，以作为下一轮试验的依据；实生第四年生产力鉴定预备试验，根据产量、干率，并再一次鉴定根结线虫病和根腐线虫病的抗性，选拔品系，选拔率 30%～40%；同时希望品系在长崎县农业试验场和宫崎县农业试验进行黑斑病、根腐线虫病的抗性鉴定；实生第五年生产力鉴定试验，根据产量、干率、淀粉含量和两种线虫病的抗性鉴定选拔，选拔率 30%～40%。这时用研磨沉淀法提取淀粉，以估算淀粉含量，鉴定其淀粉的粒径分布和洁白度等，同时对入选系进行品系适应性试验和特性鉴定。其他实生第六、第七年的材料如表现优良的也可提供试验。

至于病毒病抗性，食叶性昆虫抗性，食薯金针虫-叶甲类地下害虫抗性的选择，当时尚未纳入育种程序。其中耐虫性育种是甘薯育种中最薄弱的领域，有待今后探索。

在选育食用品种时，从实生第二年开始，综合评价蒸煮品质（肉色、肉质、纤维含量、食味等），测定榨汁的糖度，生产力鉴定预备试验以后，通过品尝鉴定食味。

### （三）甘薯育种方法

1. 甘薯集团选择育种

随机杂交集团选择育种程序（属混合法）。Jones 在 1965 年提出这一程序，其主要特点是有 3～4 代用种子混合播种，自由授粉，对性状不进行选择，目的是使染色体内、染色体间的基因充分重组。基本集团内亲本的数量越多，越能扩大遗传变异的幅度。当时 Jones 建议最好选用 20 个亲本，选亲本的原则是互交后代能获得大量变异，并且防止近亲交配。20 个亲本组成的基本集团与其他甘薯隔离，昆虫传粉。在每一个

亲本上取等量种子混合播种，在下一世代种植500个开花良好的植株昆虫传粉，再从这一世代每一植株上取等量种子混合播种，又种植500个开花良好的植株为下个世代，如此进行3～4个世代对性状不选择，从第4～5世代起，才根据育种目标进行选择(Jones，1965)。

Jones(1987)对其在1965提出的程序，又作了新的改进，提出一个育种策略，包括一个大的长期目标的轮回集团选择群体以提供广泛的基因基础和一个小的短期目标的多杂交圃，以选育短蔓型、抗蚁象等品种。他指出这一策略是很灵活的，可以提供任何数目的集团选择群体和任何数目的小型多杂交圃。

从集团选择群体中选择的无性系种子用以开始下一个世代，绝不是被选植株本身，这样能够提供快速的世代前进，这是与高选择压相联系的(这里所指的选择，不是选择单株，而是评定实生苗后所选定的无性系上所结的种子，种成下一个世代，即原来提出的一年一个周期，有三年周期不选择之意)。开始建集团时，要先用一年一周期的程序。

改进的程序工作要点说明如下：

A　集团选择(长期目标)：两年的选择周期。

A-1　第一年从以往周期中选择的无性系基础上大约3000株实生苗开始。通过利用实生苗筛选技术，和田间每小区种植5株的比较，以除去那些明显不良的材料，又进一步通过贮藏性、烘烤性、萌芽性以及相联系的病害做出初步评定。群体大小可降至100株。

A-2　选出的100株开始第二年的杂交区，设2～4次重复，自由授粉，另外也把它们种在田间设有重复的小区里，每小区10株，以便更精确地评价许多性状。并在温室中测定实生苗的病害反应。选择30个无性系作为下一个周期的种子亲本。突出的无性系可储存起来用于今后的试验，或加入到多杂交圃中，也可能作育种品系和品种推广。

B 多杂交圃（短期目标）：限制圃中亲本数目不能超过30个，当一个新的选择者加入时，必须除去圃中原有的一个选择者。执行这种规定保证了具有稳定和改良的内容，这样从现在起经5～10年，杂交圃中包含了新的种质。

圃中任何一个无性系均能长期使用直到有比它更好的来替代它。新的选择者代替较老的选择者成为一种规则。如选择的无性系开花很少，也可通过嫁接到其他砧木上诱导开花。多杂交圃选择的实生苗又为下一次多杂交圃提供材料。

C 品种推广：多杂交圃中好材料可以按育种目标选择，进入C阶段的试验后，少数可成为试验品种。集团选择群体中的好材料也可以在C阶段试验成为品种，但入选概率比从多杂交圃中来的材料要低得多。

2. 计划杂交集团育种程序（属株系法）

本程序是王铁华等提出并实践的，是鉴于甘薯放任授粉有利于选择受精，有利于育种并赋予计划性而设计的。其特点是根据甘薯不同育种目标分别有计划地选择4～8个亲本组成一个集团，集团内自由授粉，集团间隔离控制授粉，进行杂交制种，而其他步骤则按常规育种程序进行选育。

## 第三节 甘薯品种审定

### （一）甘薯品种区域化鉴定

1. 品种区域化鉴定的目的

品种区域化鉴定包括品种区域试验、生产试验和栽培试

验三项内容。这三项试验介于科研与生产之间,常称为中间试验。

品种区域化鉴定是考验育种单位新选育和新引进的优良品种(系)在不同区域、不同栽培条件下的利用价值,是防止品种“多、乱、杂”的重要措施。它对新品种的丰产性能、品质、抗逆性、适应性、稳定性等作出全面的评价,也为确定新品种的适应范围及推广地区提供正确的依据。

2. 区域试验的体系和任务

(1)区域试验的组织体系。我国作物品种区域试验分全国和省(市、自治区)两级进行,分别由农业部和省(市、自治区)级种子管理部门和同级农业科学院(所)共同主持。其职责是:设置区域试验点,安排落实和组织考察工作,制定区域试验区的具体办法,汇总区域试验资料并向品种审定委员会提出意见和建议。两级的区域试验由同级品种审定委员会检查、监督执行。

参加全国区域试验的品种(系),原则上由省(市、旅游区)主持区域试验的单位向全国品种审定委员会申请。参加省(市、自治区)区域试验的品种,由育种(包括引种)单位(个人)或地、县品种审定小组向省(市、自治区)品种审定委员会申请。

申请参加区域试验的品种(系),必须经过连续两年以上的品系比较试验,性状稳定,增产效果显著;或增产效果虽不明显,但是有某些特殊优良性状,如抗逆性、抗病性强,品质好,或在成熟期方面有利于提高复种指数和轮作等。

(2)区域试验的任务。区域试验的任务主要有以下几个方面:①进一步客观地鉴定参试品种(系)的产量、品质、抗逆性、抗病性等,并分析其增产效果和经济效益,确定参试品种

(系)是否有推广价值。②为优良品种划定最适宜的推广地区,做到因地制宜地种植良种,恰当地和最大限度地利用当地自然条件和栽培条件,发挥良种的增产作用。③确定各地区最适宜推广的主要优良品种和搭配品种。④研究新品种的适宜栽培技术,以便在良种推广时,做到因地、因品种种植管理,良种良法一起推广。⑤向品种审定委员会推荐符合审定条件的新品种。此外,新品种(系)通过区域试验,还可起到示范作用,增加生产者对良种的感性认识,便于今后的栽培推广。所以区域试验是新品种(系)选育与良种繁育推广承前启后的中间环节,是品种审定和品种布局区域化的主要依据。

3. 区域试验的方法

我国目前采用的区域试验方法是:

(1)划分试验区,选择试验点。根据自然条件如气候、地形、地势和土壤等和栽培条件,划分多个不同的生态区,然后在各生态区内,选择有代表性的若干试验点承担区域试验。安排试验点不仅要有代表性,而且应有一定的技术、设备条件。

根据我国甘薯分布及生态特点,甘薯的区域试验目前暂按北方、长江流域及南方三个薯区,分别就春、夏薯,夏薯及秋薯,以及不同熟型(长短生育期)、不同用途分组进行试验。每区内又按自然条件设置若干有代表性的试验点。试验地的选择首先要注意代表性,其他如试验地的均匀一致,栽培管理的一致,以提高试验的准确性。试验设计和方法应该高于品系比较试验。区域试验一般采用随机区组法排列,重复 3～4 次,小区面积 20～34 平方米,3～5 行,收获前测定干物含量,收获时测定中间 1～3 行的产量,并折合薯干产量,收获后测定淀粉含量、食用品质及其他特性。

目前我国甘薯区域试验，主要集中在一些育种单位，使区域试验结果带来很大的局限性和片面性，甚至起不到区域试验的作用。参试的品系，有的未经过省区域试验，有的甚至未通过品系比较试验，由育种单位提供少量的种薯或种苗，按不同熟型分组进行，以致试验准确性很差，是今后组织试验必须改进的。

(2)设置合适对照品种。为保证试验的可比性，在自然、栽培条件相近的各试验点，应有共同的对照品种，以便于各试验点间结果的分析比较。但在自然栽培条件和推广品种不同的地区，则应以当地最好的品种作对照。对照品种的种薯应是原种或一级良种，对照品种必须是当地大面积推广的，各试验点也可将当地的当家品种列为第二对照。

(3)原则。保持试验点和工作人员的稳定性和试验设计统一性，并提高总结分析的水平。为了提高区域试验结果的可靠性，区域试验点及工作人员应相对稳定；并统一田间设计，统一参试品系，统一供应种薯，统一调查项目及观察记载标准，统一分析总结。参试品系不能太多，一般是几个或十几个。区域试验一般以 2～3 年为一轮，在区域试验第一年表现显著好的，第二年即可同时进行生产示范及繁殖种薯，为推广做准备。凡在多点表现显著不好的，主持单位可以决定淘汰，不再参加第二年试验；有些品系表现一般，则仍须参与，以观察其不同年份的表现。区域试验最后结果的综合分析能否精确及时，一方面要依靠试验设计方法与观察、鉴定记载标准的统一，另一方面有赖于生长期间认真的考察与检查。

(4)定期进行观察评比。作物生育期间就组织有关人员进行检查观摩，收获前对试验品系进行田间评定。试验结束后，各试验点应及时整理试验资料，写出书面总结，上报主持单位。由主持单位综合分析各参试品系表现，写出年度总结，并进一步分析地区间的适应性和年度间的稳定性，最后写出各参试品系的评价。

大区域试验结果分析上，过去大多将多年多点试验的结果通过方差分析，对品系的平均产量进行显著性测定来评定参试品系的利用价值。平均产量高的当选，平均产量较低，而有其适应条件下才表现高产的被淘汰。这样仅以平均产量的高低评价品系是不全面的，今后应通过联合回归分析对品系稳定性参数加以估算，测定其稳定性、适应性和增产潜力，以能对参试品系做出全面正确的评价。

甘薯考察时间，宜栽后及收获前一个月左右。栽后一个月或迟至 40 天，正是生长前期，试验地的耕作、栽插及薯苗质量，缺株情况，以及各品种地上部长相，甚至地下部结薯情形，都能观察清楚；收获前一个月，地上茎叶的盛衰情况还能分得清，而地下薯块的产量和品质，通过挖根测定，也可以取得品系间相互比较的参考数据。在此期间考察还可避免与各点的收获时间产生矛盾。

### (二)品种登记

根据中国 2016 年 1 月 1 日起施行的新《种子法》及 2017 年农业部发布的《非主要农作物品种登记办法》规定新选育出的或引进的农作物品种(系)，经登记后，才能推广。而之前甘薯属于非主要农作物，是非强制性审定作物，采用自愿的原则。

世界各地的品种审定工作有多种方式：东欧各国，实行严格的审定制度，被审定的品种由国家划定种植地区，品种比较单一。美国对新品种只进行登记，品种区域化不严格，农场主

可自行决定种植的品种。原联邦德国新品种的审定由育种者向联邦农业部品种局申请，经过品种局组织试验、鉴定、审定、登记，列入国家品种目录，才准予繁殖推广。日本由农林省组织作物品种(系)审定议会，对新品种进行审议，经审议通过的品种命名和登记。

我国的品种审定工作，在50年代初是和群众性评选良种结合进行的，各地农业行政部门组织技术人员和农户就地评选地方良种，就地繁殖推广；同时各大区及省农业试验研究单位组织主要农作物良种联合区域试验。1956年中央农业部开始对棉花、小麦、水稻制订计划外，并对玉米、油菜、薯类等主要作物，也按自然生态区域、耕作制度、熟期等，组织跨省区的联合区域试验或本省区的试验、生产试验和审定工作。20世纪60年代后，各省、市、自治区先后成立了品种审定委员会。1981年成立了全国农作物品种审定委员会，并颁布了《全国农作物品种审定试行条例》，使我国农作物品种审定工作步入了一个新的阶段。全国农作物品种审定委员会负责跨省(市、自治区)推广品种的审定工作，各省(市、自治区)品种审定委员会负责审定本省(市、自治区)推广的品种。2000年种子法颁发，2004年进行第一次修正，2013年进行第二次修正，2016年进行第三次修正，并颁布了《非主要农作物品种登记办法》。

# 第四章　淀粉型甘薯高产栽培技术

## 第一节　淀粉型甘薯定义与主要用途

淀粉型甘薯是指淀粉含量高的甘薯品种，一般鲜薯淀粉含量应超过18%，这种类型的品种主要用于淀粉加工以及制造燃料乙醇，可作为重要的工业原料和生物质能源作物。淀粉型甘薯是重要的工业原料，除去传统的粉条、粉皮外，利用淀粉加工生产的产品就有十多个门类几十种。其淀粉及淀粉衍生的产品，主要包括全糖、无水葡萄糖、高浓度葡萄糖、低聚糖、山梨糖和甘薯醇等产品，目前已获得广泛应用，经济效益可观，市场前景良好。甘薯精制淀粉经过不同工艺的深加工，可产出一百多种有价值的化工产物，增值达到几倍甚至几十倍。100千克鲜薯可以生产淀粉15～20千克、酒精6～7千克。

同时用甘薯淀粉做基料，可制成全降解、无毒害的绿色包装材料和农用薄膜，用全降解淀粉发泡技术生产一次性皮具，回收后可制成肥料或饲料，丢弃后60天内完全水解，是当前消除“白色污染”而受到环保支持的大有可为的产业。

另外，目前国民经济建设和人民生活离不开煤、原油、天然气等矿物性能源。然而，这些储于地球深层的能源物质是经过千百万年的变迁才形成的。人类的开采技术不断进步，地球中可供开采的量不断减少，总有一天会枯竭。据有关资

料显示,以1998年为起点,世界石油的商业储量可开采的年限只有45年,煤的年限也只是几百年。由于世界能源分布的不均衡,许多发展中国家石油储量甚微或没有。甘薯的光合能力强,无论经济产量还是生物产量中都储存有很高的能量物质。淀粉型甘薯的产量很高,是一般禾谷类作物所不能比的。利用高淀粉甘薯品种产品生产酒精,不但酒精产量高、质量好,而且材料来源广泛。根据浙江大学的测定,在汽油中加入10%～15%的酒精,汽车运行良好。由于酒精燃烧充分,产生热值高,没有氮氧化物等有害废气的产生,是一种清洁燃料,所以利用酒精部分地代替汽油等能源,解决人类生产生活的问题,可以暂时缓解能源紧张的矛盾。

## 第二节　淀粉型甘薯新品种介绍

目前国内已经育成了一大批淀粉型甘薯新品种,主要有以下高淀粉品种适合在长江流域推广种植:

1. 鄂薯5号

由湖北省农业科学院粮食作物研究所采用人工杂交选育而成。2003年3月通过湖北省农作物品种审定委员会的审定并命名为鄂薯5号。顶叶绿色稍带紫边,叶色深绿色,叶脉浓紫色,茎秆紫绿色,顶叶浅复缺刻,叶片浅单缺刻。株型匍匐,基部分枝4.8个,最长蔓长2.5米,为中蔓型。单株平均结薯数3.3个,薯形纺锤形,薯块皮紫红色,薯肉白至淡黄色。萌芽性好,出苗早而整齐,大田生长势旺,结薯早而集中。抗旱性强。抗根腐病和黑斑病。薯块烘干率33.60%,淀粉含量22.89%。适合在长江中下游地区推广种植。

2. 鄂薯6号

鄂薯6号是湖北省农业科学院粮食作物研究所，以97-3126为母本，岩薯5号为父本，人工杂交选育而成。2005—2006年参加湖北省区试。2008年3月通过湖北省农作物品种审定委员会的审定并命名为鄂薯6号。叶形心形，叶色绿，顶叶心形，顶叶色淡绿，叶脉色绿，茎色褐绿。植株匍匐生长，茎部分枝数6.4个，最长蔓3.18米，为长蔓型。单株结薯4.5个，鲜薯薯块长纺锤形，薯皮粉红色，结薯习性集中，薯肉白色，上薯率80%以上。薯干品质平整洁白，薯块烘干率37.80%，鲜薯淀粉含量26.60%，鲜薯蛋白质含量1.52%，鲜薯可溶性糖含量3.80%，鲜薯纤维素含量0.68%，水分含量62.20%，鲜薯灰分含量2.58%。抗根腐病、高抗黑斑病和抗薯瘟病，感甘薯软腐病。适合在长江中下游地区推广种植。

3. 渝苏153

由西南师范大学以徐薯18集团杂交育成。2000—2001年参加长江流域区试，2002年参加长江流域薯区生产试验，2003年通过全国甘薯品种鉴定委员会鉴定。短蔓型，顶叶尖心带齿、绿色(边缘褐色)，成熟叶尖心形带齿、绿色，叶脉紫色，叶脉基部紫色，叶柄绿带紫色，叶柄基部紫色，蔓紫带绿色、茸毛较多。株型匍匐，基部分枝3～4个。单株结薯3～4个，薯块下膨纺锤形，薯皮紫红色，薯肉黄色，结薯集中，大中薯率88.70%。干物率31.50%，出粉率17.10%。萌芽性好。熟食品质中等。贮藏性较好。抗黑斑病。适合在长江中下游地区推广种植。

4. 苏薯11号

由江苏省农业科学院粮食作物研究所以苏薯1号放任授粉选育而成。该品种于2004—2006年参加长江流域薯区全

国甘薯品种区域试验,2006年通过江苏省农作物品种审定委员会鉴定,2007年通过全国甘薯品种鉴定委员会鉴定。萌芽性好。叶心脏形,顶叶绿色,成熟叶绿色,叶脉紫色,叶柄绿色。长蔓,茎绿色,基部分枝7~8个。单株结薯3~4个,薯块纺锤形,红皮白肉,结薯习性集中整齐,上薯率较高。食味干面味香,品质较好。抗根腐病。适合在长江中下游地区推广种植。

5. 徐薯22

由江苏徐州甘薯研究中心育成。2003年通过江苏省农作物品种审定委员会审定,2005年通过国家甘薯新品种鉴定。顶叶绿色,叶心齿形,叶色、叶脉色、叶柄色均为绿色。中长蔓,茎绿色,基部分枝6~7个。薯块下膨纺锤形,红皮白肉,结薯整齐集中,上薯率90%,薯块萌芽性好,夏薯块干物率31.00%,干物率比徐薯18高约2个百分点。茎叶生长旺盛,较耐肥水,为饲料及淀粉加工兼用型材料。徐薯22不抗茎线虫病,中抗根腐病。适合在北方无病平原及长江中下游地区推广种植。

6. GD55-02

由江西省农业科学院作物研究所。品系来源:以甘薯品系“赣10-20”为母本,采用集团放任授粉杂交筛选而得。特征特性:株型半直立,中等蔓,单株分枝数11.4个。叶片三角形,顶叶绿带褐,叶色浓绿,叶脉绿,茎绿色。单株结薯数4.2个,结薯集中、整齐,薯块纺锤形,薯皮红色,薯肉白色。薯块干物率30%左右。鲜食型甘薯,蒸煮后食用香、甜、糯,品质佳。产量水平:2013年20株鲜薯产量16.8千克,平均单株产量0.84千克。2014—2015年参加江西甘薯区域试验,GD55-02鲜薯亩产为2054.0~2566.8千克,平均亩产

2265.6 千克，比对照增产 12.86%，位列区试组第三。

7. 桂粉 3 号

由广西壮族自治区农业科学院玉米研究所育成。2012 年通过国家品种鉴定委员会鉴定，鉴定编号：国薯鉴 2012006。2009 年通过广西农作物品种审定委员会审定，审定编号：桂审薯 2009002 号。该品种是以广薯 87 为母本，以金山 57 为父本，经杂交授粉选育而成的高淀粉甘薯新品种。该品种萌芽性好。株型半直立，中短蔓。分枝数 11 个左右，茎蔓较粗。叶片心形带齿，顶叶、叶片和茎蔓均为绿色，叶脉绿色带紫。薯形纺锤形，红皮黄肉，结薯集中整齐，单株结薯数 4～5 个，大中薯率较高。耐贮性好。两年区试平均烘干率 32.22%，比对照高 4.21 个百分点。熟食味好。抗薯瘟病，中感蔓割病。产量水平：2010 年参加国家甘薯南方薯区区域试验，平均鲜薯亩产 1752.90 千克，比对照广薯 87 减产 8.84%；薯干亩产 565.30 千克，比对照增产 4.33%；淀粉亩产 380.30 千克，比对照增产 8.94%。2011 年续试，平均鲜薯亩产 1894.80 千克，比对照广薯 87 减产 10.44%；薯干亩产 609.10 千克，比对照增产 4.85%；淀粉亩产 410.00 千克，比对照增产 10.07%。2011 年参加生产试验，平均鲜薯亩产 2114.10 千克，比对照广薯 87 增产 2.01%；薯干亩产 721.90 千克，比对照增产 13.31%；淀粉亩产 493.30 千克，比对照增产 16.73%。推广地区及范围：该品种可在南方薯区广西、海南、福建等适宜地区种植。

8. 绵 10-25-1

由绵阳市农业科学研究院/南充市农业科学院育成。品种来源：徐薯 27 开放授粉。特征特性：淀粉型品种，萌芽性好。中长蔓，分枝数 4～5 个，茎蔓较粗。叶片心脏形，顶叶绿

色，成熟叶绿色，叶脉绿色，茎蔓绿色。薯形纺锤形，淡红皮淡黄肉，结薯集中，薯块整齐，单株结薯 4～5 个，大中薯率 77.10%。熟食品质优。耐贮藏。区试平均烘干率 34.07%，比对照南薯 88 高 5.79 个百分点；区试平均淀粉率 22.79%，比对照南薯 88 高 5.63 个百分点。中抗黑斑病。产量表现：2015 年参加四川省普通组区域试验，8 点平均鲜薯亩产 1857.1 千克，比对照南薯 88 减产 11.10%；薯干亩产 625.2 千克，比对照增产 12.50%；淀粉亩产 419.4 千克，比对照增产 19.10%。

9. 苏薯 29

由江苏省农业科学院粮食作物研究所育成。2016 年通过国家品种鉴定，鉴定编号：国品鉴定甘薯 2016015。品种来源：以江苏省农科院粮作所育成的宁紫薯 1 号为母本，苏薯 16 号为父本，采用人工定向杂交育种的方法选育而成。特征特性：淀粉型甘薯品种。萌芽性好。中长蔓，分枝数 6.1 个，茎蔓绿色。叶片心形，顶叶绿色，成年叶和叶脉均为绿色。薯块纺锤形，红皮淡黄肉，结薯集中，薯块整齐，单株结薯 3～4 个，大中薯率 84.80%。耐贮藏。两年区试平均烘干率 33.76%，比对照徐薯 22 高 3.40 个百分点；平均淀粉率 23.00%，比对照徐薯 22 高 2.95 个百分点。食味优。高抗茎线虫病，抗根腐病，抗蔓割病，感黑斑病和薯瘟病。产量水平：2014 年参加国家甘薯品种长江流域薯区区域试验，平均鲜薯亩产 1972.3 千克，比对照徐薯 22 减产 1.74%；平均薯干亩产 649.10 千克，比对照增产 8.37%；平均淀粉亩产 439.20 千克，比对照徐薯 22 增产 11.66%。2015 年续试，平均鲜薯亩产 1969.60 千克，比对照品种徐薯 22 增产 2.91%；平均薯干亩产 679.40 千克，比对照徐薯 22 增产 15.60%；平均淀粉亩产 465.60 千克，比对照徐薯22增产19.55%。推广地区及范围:适宜在湖南、湖北、江西、浙江、江苏、四川等地种植。

10. 皖苏58

由安徽省农业科学院作物研究所、江苏省农业科学院粮作所育成。品种来源:苏薯11号×冀17-4。特征特性:兼用型品种。萌芽性好。中长蔓,分枝数7个,茎蔓较粗。叶片深复缺刻,顶叶边褐色,成年叶绿色,叶脉浅紫色,茎蔓绿色带浅紫条斑。薯形纺锤形,红皮白肉,结薯整齐,薯块集中,单株结薯3个,大中薯率高。食味较好。较耐贮。两年区试平均烘干率27.18%,比对照低1.54个百分点;淀粉率17.29%,比对照低1.34个百分点。中抗蔓割病,感根腐病,高感茎线虫病和黑斑病。产量表现:2014年参加国家甘薯品种北方大区区域试验,平均鲜薯亩产2473.30千克,比对照徐薯22增产11.33%;薯干亩产684.80千克,比对照增产8.38%;淀粉亩产438.40千克,比对照增产7.38%。2015年续试,平均鲜薯亩产2410.40千克,比对照徐薯22增产14.07%;薯干亩产642.70千克,比对照增产4.82%;淀粉亩产405.90千克,比对照增产1.70%。

11. 万薯5号

由重庆三峡农业科学院育成。2012年通过重庆市农作物品种审定委员会(渝品审鉴2012005)和国家品种鉴定委员会鉴定(国品鉴甘薯2012002)。品种来源:徐55-2×92-3-7定向授粉。特征特性:顶叶、成熟叶均心脏形,顶叶褐色,成熟叶色绿,叶脉绿色,脉基紫色,叶柄绿色,茎绿色。蔓长中等,单株分枝数5个左右。薯块纺锤形,皮紫红色、肉淡黄色,单株结薯数3～4个。中抗黑斑病,不抗茎线虫病。块根干物率平均为34.38%,淀粉率平均为23.68%,熟食品质较好。产量水平:

2008—2009年在重庆市区域试验中，鲜薯产量2356.8千克/亩，比对照南薯88减产16.28%；薯干产量855.5千克/亩，比对照增产10.70%；淀粉产量594.1千克/亩，比对照增产20.37%。2010—2011年在国家甘薯品种区域试验中，两年18点次平均鲜薯产量2119.89千克/亩，较对照徐薯22增产5.13%；薯干产量728.94千克/亩，比对照增产17.17%；淀粉产量502.11千克/亩，比对照增产20.62%。2011年在国家甘薯品种生产试验中，鲜薯产量2494.6千克/亩，比对照徐薯22增产18.08%；薯干产量867.6千克/亩，比对照徐薯22增产34.82%；淀粉产量595.9千克/亩，比对照徐薯22增产38.81%；淀粉率为23.89%，比对照徐薯22高3.57个百分点。推广地区及范围：适宜重庆、四川、江西、湖南、湖北、江苏南部等地区种植。

12. 烟薯26

由山东省烟台市农业科学研究院育成。审（鉴）定情况：2015年通过山东省审定，审定编号为鲁农审2015038号。品种来源：烟薯23放任授粉。特征特性：淀粉型品种。顶叶色、叶色、叶脉色、柄基色、蔓色均为绿色，叶形心形带齿。平均蔓长236.2厘米，平均分枝6个。平均单株结薯2.8个，结薯整齐，且较集中，薯干白而平整，薯形纺锤形，红皮黄肉。中抗根腐病、茎线虫病和黑斑病。区域试验烘干率为31.61%，比对照徐薯18高1.88个百分点；食味评分为75分，比对照高7.14%。产量水平：2012—2013年参加了山东省区域试验，鲜薯平均亩产2289.69千克，比对照徐薯18增产16.48%；薯干平均亩产723.70千克，比对照徐薯18增产23.86%。2014年参加了山东省生产试验，鲜薯平均亩产2600.92千克，比对照徐薯18增产17.99%；薯干平均亩产884.09千克，比对照徐薯18增产21.06%。推广地区及范围：建议在山东、辽宁、安徽等地推广种植。

13. 漯薯11号

由漯河市农业科学院育成。审(鉴)定情况：2015年通过国家品种鉴定委员会鉴定，鉴定编号为国品鉴甘薯2015006。品种来源：漯薯11号是漯河市农业科学院以苏薯9号为母本、漯105为父本进行有性杂交选育而成。2012—2013年参加国家甘薯品种北方薯区区试，2014年参加国家北方薯区甘薯品种生产试验。综合评价该品种烘干率较高，薯干产量高，薯干品质较好，可做兼用型品种使用。特征特性：该品种萌芽性较好。中蔓，分枝数7个左右，茎蔓中等偏细。叶片心形，顶叶紫色，成年叶绿色，叶脉浅绿色，茎蔓浅紫带茸毛。薯形纺锤形，红皮乳白肉，结薯较集中薯块较整齐，单株结薯3～4个，大中薯率高。薯干洁白平整，食味中等。较耐贮。抗蔓割病，中抗根腐病，高感茎线虫病和黑斑病。产量水平：2012年参加国家甘薯品种北方薯区区域试验，平均鲜薯亩产2098.30千克，薯干亩产669千克，淀粉亩产448.50千克。平均烘干率31.83%，比对照高2.50个百分点；平均淀粉率21.33%，比对照高2.17个百分点。2014年参加国家北方薯区甘薯品种生产试验，鲜薯产量在济南、宝鸡和郑州三个试点均比对照增产，平均鲜薯产量2536.90千克/亩，比对照增产9.34%；薯干产量在三个试点均比对照增产，平均薯干产量770.90千克/亩，比对照增产13.87%；淀粉产量在三个试点均比对照增产，平均淀粉产量519.8千克/亩，比对照增产16.77%；平均烘干率30.86%，比对照高1.50个百分点；平均淀粉率20.49%，比对照高1.30个百分点。推广地区及范围：河南、河北、陕西、山东、江苏适宜地区推广种植。

14. 济薯25

由山东省农业科学院作物研究所育成。审(鉴)定情况:2016年通过国家鉴定,2015年通过山东省审定,审定编号为鲁农审2015037号。品种来源:原系号济06210,是以济01028为母本,经放任授粉获得实生种子,播种后获得实生薯块,实生薯萌芽出苗后,经逐级生产力测定及抗病性鉴定,选育而成的淀粉型甘薯新品系。特征特性:淀粉型品种。顶叶、叶片、叶脉、柄基、叶蔓均为绿色,脉基紫色,叶形为心脏形。分枝6~7个。薯形纺锤形,红皮白肉,口味好。干物质及淀粉含量高,干物率34.80%,比对照徐薯18高4~5个点。高抗根腐病,抗黑斑病,中抗茎线虫病。产量水平:2012—2013年山东省甘薯品种区域试验中,鲜薯平均亩产2225.34千克,比对照徐薯18增产13.21%,居第四位;薯干平均亩产774.43千克,比对照徐薯18增产32.54%,居第一位。推广地区及范围:适合山地、丘陵地、平原旱地种植。

15. 龙薯24号

由福建省龙岩市农业科学研究所育成。审(鉴)定情况:2013年通过福建农作物品种审定委员会审定,审定编号为闽审薯2013002。品种来源:以龙薯39-1为母本自然杂交选育而成。特征特性:淀粉型品种。株型中长蔓半直立,单株分枝数5~12条。成叶心齿形,叶片大小中等,顶叶、成叶均为绿色,叶主脉、叶侧脉、柄基色、脉基色均为紫色,叶柄、茎为绿带紫。蔓粗中等。单株结薯2~4个,薯块下纺锤形,薯皮黄色,薯肉黄色。省区试两年平均:干物率31.97%,比对照高6.51个百分点;出粉率21.45%,比对照高5.66个百分点;食味评分82.7分,比对照高2.7分;外观评分80.2分,比对照高0.2分。抗病性室内鉴定结果,综合评价为中抗蔓割病、感薯瘟病。薯块贮藏性鉴定综合评价为好。产量水平:2010 年参加省甘薯区试,平均鲜薯产量 2 057.58 千克/亩,比对照金山 57 减产 17.41%;平均薯干产量 670.05 千克/亩,比对照增产 4.07%;平均淀粉产量 452.00 千克/亩,比对照增产 12.52%,达极显著水平。2011 年续试,平均鲜薯产量 2 378.60 千克/亩,比对照减产 21.33%;平均薯干产量 740.00 千克/亩,比对照减产 2.07%;平均淀粉产量 492.45 千克/亩,比对照增产 5.88%,达极显著水平。两年平均鲜薯产量 2 218.09 千克/亩,比对照减产 19.56%;薯干产量 705.03 千克/亩,比对照增产 0.75%;淀粉产量 472.23 千克/亩,比对照增产 8.96%。2012 年生产试验,3 个点平均鲜薯产量 2 983.9 千克/亩,比对照金山 57 减产 5.33%。推广地区及范围:适宜福建省薯瘟病轻发区种植。

16. 渝薯 33(南薯 009)

由西南大学、南充市农业科学院、重庆环球石化有限公司育成。审(鉴)定情况:2008 年通过重庆市品种审定委员会鉴定,鉴定编号为渝品审鉴 2008009。品种来源:浙薯 13 集团杂交。特征特性:淀粉型品种。全生育期 150 天左右。萌芽性中上。最长蔓长 112.3 厘米,单株基部分枝数 6.6 个。单株结薯数 3.2 个,上薯率 89.08%。叶片心形,顶叶绿色,叶绿色,叶脉绿色。薯形纺锤形,淡红皮白肉,结薯性较好,结薯早薯块膨大快。感黑斑病与南薯 88 相当。两年平均薯块烘干率 31.98%,淀粉含量 21.55%。产量表现:两年区试平均鲜薯亩产量、薯干亩产量和淀粉亩产量分别为 1964.1 千克、627.5 千克和 416.6 千克,分别比对照南薯 88 减产 13.85%、增产 4.1%、增产 12.14%。2007 年在重庆市长寿区、万州区、酉阳县进行生产试验,平均鲜薯亩产 2229.6 千克,比对照减

产5.78%；淀粉亩产496.97千克，比对照增产16.68%。

17. 湘薯98

由湖南省作物研究所育成。审(鉴)定情况：2016年通过国家品种鉴定委员会鉴定，鉴定编号为国薯鉴2016004。品种来源：徐薯22集团杂交。特征特性：萌芽性好。中长蔓，分枝数5.7个，茎粗0.53厘米。叶片心齿形，顶叶浅紫色，成年叶绿色，叶脉紫色，茎蔓绿带紫。薯形纺锤形，红皮白肉，结薯集中，薯块整齐，单株结薯3～4个，大中薯率高，淀粉率23.14%。产量水平：2014年参加国家甘薯品种长江薯区区域试验，平均鲜薯亩产2135.80千克。2015年生产试验平均鲜薯亩产2303.60千克，比对照徐薯22增产9.04%；薯干亩产735.20千克，比对照增产15.13%；淀粉亩产492.70千克，比对照增产17.19%。推广地区及范围：建议在长江薯区适宜地区作为淀粉型甘薯种植。

18. 鄂薯9号

鄂薯9号是湖北省农科院粮作所以868为母本，浙薯13为父本，采用人工定向杂交选育而成。2011年3月通过国家甘薯品种审定委员会鉴定。淀粉型品种。萌芽性中上。叶形尖心带齿，顶叶绿色，叶色绿，叶脉紫色，茎绿色。薯块长纺锤形，薯皮紫红色，薯肉淡黄色，结薯集中整齐，大中薯率80%以上。食味优。2008—2009两年18点次长江流域区域试验中，平均鲜薯亩产2023.85千克，较对照减产4.07%，减产不显著，居第7位；薯干平均亩产663.97千克，比对照增产13.32%，增产极显著，居第3位；平均烘干率32.65%，比对照高4.86个百分点；淀粉亩产449.08千克，比对照增产19.47%，增产极显著，居第2位；平均淀粉率22.06%，比对照高4.23个百分点。中抗茎线虫病，感薯瘟病。

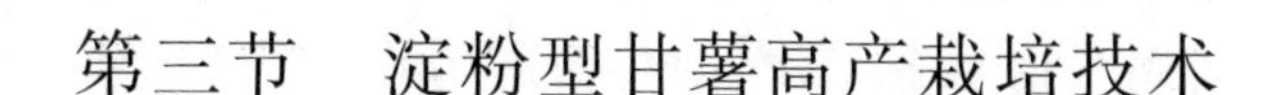

# 第三节　淀粉型甘薯高产栽培技术

## (一)育苗

育苗是淀粉型甘薯生产中的首要环节。只有适时育足苗壮苗,才能不误时机地保证做到适时早栽、一茬栽齐、苗全株壮的要求。避免“春薯夏栽”“夏薯秋栽”,并保证种植面积的落实和适宜的密度,打下高产基础。

1. 薯苗生长需要的条件

(1)温度。薯块在16～35℃的范围内,温度越高,发芽出苗就快而多。16℃为薯块萌芽的最低温度,最适宜温度范围为29～32℃。在育苗时高温催芽以后,要把苗床温度降到31℃左右。出苗后的温度控制在25～28℃为宜。在采用前5～6天,床温应降到20℃左右进行炼苗。

(2)水分。在幼薯生长期间以保持床土相对湿度70%～80%为宜。为使薯苗生长健壮,后期炼苗时必须减少水分,相对湿度降到60%以下。育出的薯苗茁壮,利于成活。

(3)空气。在育苗过程中,必须注意通风换气。氧气供应充足,才能保证薯苗正常生长,达到苗壮、苗多的要求。

(4)光照。强光能使苗床增温快、温度高,可促进发根、萌芽。光照不足,光合作用减弱,薯苗叶色黄绿,组织嫩弱,发生徒长,栽后不易成活。因此,在育苗过程中要充分利用光照,以提高床温,促进光合作用,使薯苗健壮生长。

(5)养分。育苗前期所需的养分,主要由薯块本身供给,随着幼苗生长,逐渐转为靠根系吸收床土中养分生长。在育苗时应采用肥沃的床土并施足有机肥,育苗中、后期适量追施

速效性氮肥，以补充养分的不足。

2. 育苗前的准备工作

为了保证适时育足、育好薯苗，要提前做好以下准备工作：

(1)制订育苗计划。制订育苗计划应根据甘薯种植面积、需苗数量和时间、品种出苗的特性以及育苗等情况而定，要使排薯的数量和计划种植面积相符合，苗床面积和排薯的数量相符合，育苗所用的物料和苗床面积相符合。要落实育苗用地(按每平方米排种 17～20 千克计算)。

(2)用种量。要根据栽插期、栽插次数、育苗方法以及品种出苗的特点、种薯质量来确定。一般一亩春薯需种薯量60～75千克；一亩夏薯采苗圃用种 250～300 千克，可供 15 亩夏薯用苗。苗床面积的大小应当根据排种薯数量和排种密度而定，火炕育苗 1.2 米床面可排种薯 23～25 千克，温床育苗 1.2 米床面可排种薯 20～22 千克，冷床双育苗每米排种薯 15～18千克。

(3)选用优质甘薯脱毒品种。淀粉加工用薯(或切片晒干作工业原料)，应选用适宜当地条件的淀粉含量高、淀粉产量比徐薯 18 增产的品种。甘薯淀粉加工专用型品种要具备：淀粉率高(较国家标准种高 3 个以上百分点)、淀粉产量较徐薯 18 增产显著、淀粉质量优(或淀粉黏度高、或抗“糖化”、或抗褐变)且抗一种或多种病害。据湖北省区试及生产示范试验结果：适合湖北省及周边地区种植的高淀粉甘薯品种有淀粉率高达 26.60%的鄂薯 6 号，较徐薯 18 高 5 个百分点以上，淀粉产量高。

(4)备足物料。根据苗床面积大小，备足育苗所需的物料。如塑料薄膜(按每 10 平方米苗床需 1.5 千克左右计算)、草苫、酿热物或燃料、沙土、支架、砖坯、作物秸秆、温度计及其他用具等。

3. 育苗方式

塑料大棚育苗，利用塑料大棚的结构，一种是为提前育苗，改为在大棚内地面上设小拱棚，再加上地膜覆盖，大棚＋小拱棚＋地膜式；另一种是大棚＋地膜式，也可提前育苗，实现早栽。

冷床双膜育苗，所谓“双膜”育苗，是指出苗前除了在苗床上边搭斜坡或小拱棚所需用的一层塑料薄膜外，苗床上再盖一层地膜或常用膜，用以增加床温的一种育苗方法。苗床选用水肥地，施足基肥，整好地。建畦宽 1 米，长不限，在出齐苗时揭去苗床地膜，其他不变，用这种方法一般提早出苗 3～5 天，增加 20％～30％的出苗量。这种方法也适用于在塑料大棚内应用。应用时应注意两点：一是在苗床上撒些作物秸秆再盖地膜，四周不宜压实，以免缺氧烂种影响出苗；二是在齐苗时及时揭去地膜，以防“烧芽”，并且要注意适时两端通风，棚内气温不超过 35℃。在上述育苗方法中，无论采用哪种方式，关键是如何保证苗床有一个较高温度环境，并注意平摆、稀摆薯，低温炼苗，早出壮苗。

4. 选种和排种

(1)种薯精选与处理。“好种出好苗”，种薯的标准是具有本品种的皮色、肉色、形状等特征；无病、无伤，没有受冷害和湿害。凡薯块发软、薯皮凹陷、有病斑、不鲜艳，断面无汁液或有黑筋或发糠(茎线虫病)的均不能作种。薯块大小均匀，块重 150～250 克为宜。排薯前为防止薯块带菌，排苗前应进行处理，用 51～54℃温水浸种 10 分钟，或用 70％甲基托布津(50％多菌灵)500 倍液浸种 5～10 分钟。

(2)排种时间和排种密度。采用大棚加温或用火炕或温床育苗,应在当地薯栽插适期前 30～35 天排种;采用大棚+地膜或冷床双膜育苗于栽前 40～45 天(河南中部育苗,排薯前以 3 月上、中旬为宜)。排种时要注意分清头尾,切忌倒排,大小分开,稀排、平放种薯,保持上齐,下不齐。用火炕育苗,为节约苗床面积,排薯密度也不可过密。一般种薯左右留 1～2 厘米空隙,能使薯苗生长茁壮,要达到适时用一、二茬苗栽完大田,每亩用种量不少于 75 千克。排种密度不能过大,每平方米15～20千克为好。种薯的大小以 0.15～0.2 千克比较合适。

5. 苗床管理

苗床管理的基本原则是“以催为主,以炼为辅,先催后炼,催炼结合”。

(1)保持不同时期的适宜温度。前期高温催芽(1～10 天):种薯排放前,加温育苗,床温应提高到 30℃左右,排种后使床温上升到 35℃,保持 3～4 天,然后降到 32～35℃范围内。中期平温长苗,待齐苗后,注意逐渐通风降温,棚温短时不超过 40℃,棚温前阶段的温度不低于 30℃,一周以后逐渐降低到 25℃左右。后期低温炼苗,当苗高长到 20 厘米左右时,栽苗前 5～7 天,床温接近大气温度,昼夜揭开薄膜晒苗。正确测量温度。市面上售的温度计误差较大,应校正后再用。测温点应分别设在苗床当中、两边和两头,火炕的高温点是回烟口,先找出全床的高温点和低温点。温度计要插在种薯下面的床土中,但不可过深,盖薄膜的苗床,注意测量膜内空间温度变化,防止伤苗。

(2)浇水。排种后盖土以前要浇透水,浇水量约为薯重的 1.5 倍。采过一茬苗后立即浇水。掌握高温期水不缺,低温炼苗时水不多，酿热温床浇水，水量要少，次数多些。

(3)通风、晾晒。通风、晾晒是培育壮苗的重要条件。在幼苗全部出齐，新叶开始展开以后，选晴暖天气的上午10时到下午3时适当打开薄膜通风，剪苗前3～4天，采取白天晾晒、晚上盖，达到通风、透光炼苗的目的。

(4)追肥。每剪采1次苗结合浇水追1次肥。选择苗叶上没有露水的时候，追施尿素，每平方米一般不超过0.25千克。追肥后立即浇水，迅速发挥肥效。

(5)采苗。薯苗长到25厘米高度时，及时采苗，如果长够长度不采，薯苗拥挤，下面的小苗难以正常生长，会减少下一茬出苗数。采苗、剪苗可减少病害感染传播，还能促进剪苗后的基部生出再生芽，增加苗量采苗时要选择壮苗。壮苗的标准：叶片鲜绿，舒展叶7～8片，叶大、肥厚，顶部三叶齐平；茎节粗短，根原基大，茎韧不易折断(折断有较多的白浆流出)，苗高25厘米左右；苗龄30～35天，茎粗约5毫米；苗茎上没有气生根，没有病斑；苗株挺拔结实乳汁多；百苗鲜重，春薯苗500克以上，夏薯苗1500克以上；薯苗不带病虫害。

6. 甘薯育苗期间科学诊断与解决办法

(1)看种薯。①薯块不发芽，顶部爆花开裂。原因是温度高，水分少。解决的办法是喷洒38～40℃的温水。②薯块长期不发芽、不生根、没有变化。原因是温度低，水分不足或种薯在田间浸水过久。解决办法是加温、洒40℃的温水，如是水浸薯应换掉。③种薯皮褪色变暗如烫伤，或者烂掉。原因是浸种时水温过高、时间长或炕温超过40℃。解决方法是换种薯，或者改用冷床加温育苗。④床土湿润，床面点片发生丝状物，有时丝上有小露珠，种薯软腐。原因是软腐病侵染(种薯受伤、受冻、水浸后易感染)。解决办法是另建

苗床，重新育苗。⑤薯块无白浆，肉色变暗，手挤流清水，薯心有黑筋。原因是温度过低，受冷害。解决办法是把种薯换掉，重新育苗。⑥种薯黏湿，有凹陷软腐斑点。原因是温度过高，床土水分多，不通风，氧气不足。解决办法是换好薯块，注意通风换气。

(2)看幼芽。①幼芽萌发后，生长缓慢，原因是温度低或种薯有病。解决方法是加温。若有病，重新换床土、换种薯育苗。②芽基部有黑色斑点。原因是感染黑斑病。解决办法是另换床土、换种薯重新育苗，排薯时应先进行温汤浸种灭菌或药剂处理。③出芽不整齐。原因是苗床温度不均匀。解决办法是调剂温度。④根多芽少。原因是温度偏低，湿度偏高。解决办法是加温，注意通风。⑤根少芽多。原因是温度偏高，水分不足。解决办法是浇30℃温水，增加苗床湿度。⑥芽尖枯黑。原因是苗间温度高、湿度小、光线强、芽触薄膜或揭膜猛或遭干风吹。解决办法是注意浇水，遮光，逐渐揭膜。⑦发芽不多，生长不良。原因是肥料、水分不足或种薯有病。解决办法是立即追肥，泼浇温水或另建床育苗。

(3)看茎叶。①叶片小而薄，叶色黄化。原因是种薯轻度冷害，苗床温度低，种薯过小或氮肥不足。解决办法是加温、追施氮肥。②叶尖或叶缘枯焦，叶全部内卷枯死。原因是突遭大风刮或霜害，化肥粘苗未冲净。解决办法是加强肥水管理，促进薯苗生长。③苗尖突出，展开叶向上直伸。原因是高温、高湿造成徒长。解决办法是逐渐揭膜通风，控制肥水。④叶片皱缩，凹凸不平。原因是发生病毒病。解决办法是拔掉病苗薯块，拔除病株。⑤叶黄，生长缓慢，最后死亡。原因是感染黑斑病。解决办法是重新建床育苗。⑥叶背面生半透明黏状物。原因是高温高湿，通风不良，感染黏菌核病。解决办法是通风，用70%甲基托津800倍液喷洒。⑦苗细，节长而茎软嫩。原因是排种薯过密，薯苗拥挤，湿度大。解决办法是采取疏苗、通风措施。⑧苗粗，节长而嫩。原因是高温高湿。解决办法是采取通风、降温、散湿措施。⑨苗细，节短茎硬。原因是温度低，肥水不足，炼苗时间长形成了“小老苗”。解决办法是增温，追施氮肥，浇水，按时剪苗。⑩茎节气生根多。原因是湿度大，通气性差。解决办法是通风，换气，散湿。

(4)看根。①下部白根过长。原因是排薯后覆土过厚。②根尖发黑、腐烂。黑斑病所致，应另建苗床育苗。③种薯发芽不扎根。水分不足所致，应浇水。

7. 假植

采苗圃主要用于种薯量少时以苗繁苗，采苗圃把温床育的苗栽植在向阳温暖、比较肥沃、有灌溉条件的地里，苗圃要选用2～3年未栽过甘薯的生茬地或轮作地，施足基肥，实行小垄密植。垄距30～35厘米，株距2～3厘米。采苗圃与大田的比例一般为1∶20～25。采苗标准，薯苗长到要求的标准后，就应及时采苗。采苗不及时就会发生薯苗拥挤现象，不但降低了薯苗素质，而且影响小苗生长，减少下茬出苗的数量。采苗的方法提倡用剪苗方式，剪苗的好处是：种薯上没有伤口，可以防止病害传播；不会拔动种薯，损伤薯根，有利于薯苗正常生长；还能促使薯苗基部发生新芽，增多出苗数量。尽量实行高剪苗是防病(如黑斑病)的有效措施。还可通过摘心，增加薯苗产量。

采苗圃应选择靠近水源、土壤肥沃的旱地，施足基肥。一般每亩施腐熟优质肥2000～3000千克，尿素4～5千克，过磷酸钙20～25千克，硫酸钾15～20千克。开沟作小垄(1.0米宽)，垄距30～35厘米，株距2～3厘米。采苗圃与大田的比

例一般为1：20～25。每亩栽100000株左右。

苗高25厘米左右时，应转为炼苗，停止浇水，揭开薄膜等覆盖物，使薯苗充分见光，经3～4天锻炼后可剪苗栽插；剪苗后，又转为催苗为主，促使小苗快长，应再升高床温和适当增加浇水量，并追施氮肥，视苗生长情况，一般每10平方米施尿素不超过150～250克；当苗高又达到采苗要求时，再转为降温炼苗。一般剪苗后3～7天又可剪前次没有剪到的苗。

栽后要及时浇水。活棵后，勤除草，多施速效氮肥，促苗快发，一般每亩施尿素8～10千克。

壮苗标准：苗龄30～35天，叶片舒展肥厚，大小适中，色泽浓绿，百株苗重0.75～1千克，苗长20～25厘米，茎粗约5毫米，苗茎上没有气生根，没有病斑，苗株健壮结实，乳汁多。

### (二)大田准备与移栽

#### 1. 薯田准备

深耕能够加深活土层，疏松熟化土壤，改善土壤的透气性，增强土壤养分的分解，促进土壤肥力的提高，增加土壤蓄水能力，有利于茎叶生长和根系向深层发展，从而提高甘薯产量。一般深耕26～33厘米比浅耕15厘米的增产20%左右。深翻、深耕的好处是主要的，但不是绝对的。如果过度深翻，打乱土层，肥料跟不上，跑墒严重或排水不好，引起雨季涝渍，还会招致减产。深翻的方法有人工深翻、套耕法、人畜结合深翻法和挖丰产沟(即起假埂)法，也有利用拖拉机、开沟机、推土机、扶埂机代替人工深翻。丰产田多采用假埂，即冬前按埂距开沟，加深沟底，进行风化。早春施有机肥，并施土肥混合，破假埂封沟成埂。如人力不足，可采取套耕法，在冬前按埂距

80～100 厘米往外翻两犁，使土肥混合，最后再翻两犁成一埂。深翻时应注意以下几个问题：

(1)深耕的时间。以秋冬季节地冻前最适宜，目的使土壤有较长时间的熟化过程。如果没条件冬翻，来春必须及早深耕。

(2)耕翻深度。各地试验表明，耕翻深度以 30～40 厘米为宜，高产田也不要超过 40 厘米，耕翻深度要因地制宜。凡底土结构良好，有机质含量较高，或表土层黏土层厚的可以翻得深些。飞沙土和河边沙土不宜深翻。对于上浸地，翻破黏土层就可以了。冬耕宜深，春耕宜早、宜浅。

(3)深耕宜在晴天进行。深耕要抓紧晴天适时进行，不要在土壤湿度过大时深翻，以免泥土紧实，结构破坏。

(4)分层深翻，不乱土层。做到熟土在上，生土在下。如表层是黏土，下层是沙土，可以上下翻转，改造土壤。

(5)深翻结合施肥。深翻要结合施有机肥，土肥混合，增加土壤有机质，以改善土壤理化性质，有利于提高土壤肥力。

(6)旱地注意耙耢保墒，排水不良地块，注意排水。干旱地区注意冬翻保墒或雨后耙耢保墒，早春进行顶凌耙地对春季保墒也起很大的作用。高产田耕翻较深，在灌水或雨季时因土壤持水量加大，易造成土壤水分过多，因此对排水不良的地块，应结合深翻挖好排水沟。排水沟应比深翻深度深 15 厘米，以有利于排涝。

2. 移栽

淀粉型甘薯应采用埂栽方式，各地试验证明，埂栽比平栽增产 10%以上。埂栽加厚了活土层，提高了地温，增加了土壤表面积，还有利于灌溉与排水。

打埂方向应因地制宜，在坡岗地要沿等高线缠山扒沟起

埂，埂向和山坡垂直，以利蓄水，防止水土流失；在多风地区，埂向以东西为好；在平原地带，以南北向较好。

甘薯栽插方法较多，主要有斜插法、水平栽插法、直插法及船底形栽法。湖北省农科院对不同栽插方式对淀粉型甘薯产量的影响做了研究，结果表明斜栽法与水平栽、船底栽对甘薯产量影响有显著差异。确定斜插法是适合大面积种植淀粉型甘薯并保证其产量的一种实用的栽插方式。

甘薯根、茎、叶的生长和块根的形成与膨大都属于营养器官生长范围，不同于有性繁殖作物，它没有明显的发育阶段，一般也没有明显的成熟期，因此栽插和收获期限并不十分明显，凡是适时早栽的都有显著的增产效果。但长江流域薯区，甘薯栽培制度以一年两熟为主，多在越冬作物收获后栽培夏薯。淀粉型甘薯随插期的推迟、大田生长期的缩短，绝对产量递减，但在相同间隔时间内，其减产幅度有明显差异。

湖北省农科院从长江流域的较早茬口 5 月 5 日开始，到较迟茬口 7 月 4 日止，每间隔 10 天作一个插期，共做七个处理，比较相临两插期产量水平和减产幅度，结果表明，淀粉型甘薯早插产量高；5 月三个栽插期，前两个栽插期(5 月 5 日与 5 月 15 日)减产在 5%以下的可接受范围内，可以根据前作合理安排茬口；茬口推迟到 5 月底栽插减产明显，尤其是到 6 月初，减产达到 12.38%，6 月的三个栽插期减产幅度均在 10.00%以上，5 月 15 日可以确定为栽插临界期；6 月 15 日以后，除特殊灾害年份外不提倡再安排生产。

甘薯产量受叶面积指数影响较大，最适叶面积指数应在 4.5～5 之间。湖北省农科院的栽插密度研究表明，淀粉型甘薯的每亩栽插最适密度为 3500～4500 株。根据肥地宜稀，薄地宜密的原则，在发挥群体增产的基础上，充分发挥单株增产潜力。一般栽植密度肥地每亩3500株，中等肥力每亩4000株，山区薄地每亩4000～4500株。

3. 淀粉型甘薯施肥及化控技术

肥料是影响淀粉型甘薯生长发育、产量和品质最活跃的因素，施肥不当会出现高投入低产出或种植经济效益不明显的局面。湖北省农科院的研究表明，在具体的施肥方式上要注意以下几个方面：

(1)施足基肥。在起垄作畦时，结合深耕施足基肥，基肥量占总施肥量的40%左右。一般每公顷施猪牛粪、绿肥、堆肥等22.5吨，过磷酸钙375千克。基肥深度应掌握在0～40厘米以内全层均匀分施。

(2)轻施点头肥。点头肥结合锄草施，以氮素水肥为主，占总施肥量的10%左右。在薯苗旁边约10厘米处划条浅沟，每公顷条施腐熟人粪尿15000千克。基肥不足，可适当增施少量化学氮肥。但不可过多，否则易引起徒长，不利结薯。点头肥避免以土杂肥培于藤头，以免产生大量的须根影响结薯。

(3)重施夹边肥。夹边肥也称促薯肥，在茎蔓伸长至封垄前施用，占总施肥量的40%左右。每公顷施人粪尿18.75吨或尿素375千克，硫酸钾375千克，将肥料施入垄的两侧，然后结合中耕除草，清沟培土覆盖。

(4)巧施裂缝肥。白露前后，蔓叶生长达高峰，此时是薯块迅速膨大的关键时期，应结合防旱施一次液肥，促进营养积累并下送至块根，可取得明显增产效果。施肥量一般占总施肥量的10%左右。即每公顷施人粪尿15000千克或尿素120千克兑水，沿薯畦裂缝浇施。大田营养生长过盛的，可每公顷施硫酸钾120千克兑水150倍液灌缝，以抑制徒长，加速薯块膨大。

(5)适当进行根外追肥。在甘薯收获前1～2个月，特别是在缺磷钾地区，可用2%～5%过磷酸钙渍浸液，0.30%磷酸二氢钾溶液或5%～10%过滤的草木灰水，进行根外追肥2～3次，每次相隔15天左右，每公顷用肥液1500千克，在晴天下午或阴天喷雾，对防止早衰、增强同化能力、提高块根产量和出粉率都具有良好的效果。

另外，湖北省农科院的研究表明，增施钾肥，可以明显提高淀粉型甘薯鲜薯理论产量，增加光合产物在块根中的分配；但理论产量的增加并不是增施钾肥越多越好，对不同品种而言，会有一个最佳施用量。

适量的钾营养有利于光合产物从叶片向块根中运输。使生长后期功能叶片中的可溶性蛋白质的含量下降，过氧化氢酶活性降低，有效防止地上部旺长，促进生长中心向块根转移，从而提高块根中的淀粉含量，降低茎中的淀粉含量。前期增施钾肥光合势提高，中后期随施钾量的增加光合势明显下降，净同化率提高。不同生长时期光合势不同，后期最大，中期次之，前期最小；在前期增施钾肥光合势提高，而在中后期随施钾量的增加光合势有明显的下降趋势。适量的施钾可促进甘薯前期叶片的生长，有效地抑制中后期茎叶徒长，促进光合产物向块根运输。施钾有利于淀粉型甘薯的干物质积累，提高了干物质在块根中的分配率，降低茎中的淀粉含量，提高了块根中的淀粉含量。随施钾量增加，功能叶片中可溶性蛋白质减少、过氧化氢酶的活性降低，防止了地上部旺长，促进生长中心向块根转移。

针对不同土壤，基肥与追肥合理搭配。红壤和石灰性土上养分吸收得较慢，在这两种土壤上施钾肥要重施底肥和早施追肥。而水稻土、黄壤和紫色土要适当提高追肥比例，使追肥比例达40%～50%。适量施用生物有机肥和硼、锌等中微量元素肥料，可改善土壤理化性状和提高钾肥利用率。肥料配方中的硝态氮比例以40%左右为宜，磷的来源不宜用含钙肥料，而应选用磷酸铵等。在红壤、石灰土、紫色土和黄壤上，适宜的肥料粒径为2～4毫米，水稻土上为4～6毫米，可有效地提高钾肥利用率。在缺硼的土壤上，甘薯肥料配方中加入0.50%的硼砂，可提高钾肥利用率8%～15%。

为抑制甘薯地上部旺长而导致的甘薯产量下降，湖北省农科院对淀粉型甘薯化控技术进行了研究，结果表明，缩节胺能抑制甘薯茎蔓的伸长，提高叶片叶绿素含量的日增加量，同时能缩小叶片，适量的缩节胺能提高甘薯的分枝数量。缩节胺有利于甘薯干物质向地下部的转移，提高烘干率，增加结薯数量，适宜用量既能提高甘薯地上部干物质的积累，同时又能促进光合产物向地下部转移。经过试验，缩节胺最佳应用时期为封垄期，最佳用量为80克/公顷。

4. 淀粉型甘薯三熟套种高产栽培技术

湖北省农科院的研究表明，在三熟间套模式下，甘薯密度以3000株/亩为宜，过大则不利于平均薯重、大中薯率及根冠比等，从而最终影响甘薯产量；对于茎节数，以4个节段的茎尖节苗栽插最为适宜，钾肥则以32千克/亩的用量为最佳，并在基肥的用量上可适当减少，追施钾肥时减少肥水的使用或直接采用灌溉水，并结合化控抑旺。

5. 淀粉型甘薯抗旱高产栽培技术

甘薯是耐旱作物，但水分的丰缺对甘薯生长发育也有较大的影响，进而影响到甘薯的生物学和经济产量。干旱条件下，甘薯幼苗成活率下降，地上部生长明显减慢，并且干旱持续的时间愈长，其受害的程度越大。干旱胁迫导致干物质的

生产、积累及向块根的分配减少，产量和收获系数下降。干旱胁迫使 AGPase 在块根中的活性降低，从而导致 ADPG 的形成受到影响，降低淀粉的合成速度，进而影响甘薯块根的形成、膨大和同化物的贮藏、积累及最终产量。近年来，湖北旱灾频发，甘薯的生产也受到影响。湖北省农科院总结了一套淀粉型甘薯抗旱高产栽培技术，主要技术要点如下：

(1)适时炼苗，培育壮秧。在自然通风和人工加大通风(在自然通风的基础上增加人工通风)两种试验条件下培育甘薯幼苗，移入温室土壤后，人工加大通风的甘薯幼苗的叶片的气孔调节功能和腊质沉积的数量大于自然通风，长势较好，生长速度较快，未出现枯萎现象；但自然通风的幼苗，由于难以迅速适应转入温室后的生长条件，叶面失水较大，组织发生不可逆的伤害，导致几天后植株干枯死亡。这说明，在甘薯生长早期进行适当的水分胁迫即抗旱锻炼非常必要。根据鄂薯 5 号和湖北省的常年气候特性，在育苗过程中要注意以下几个方面的问题：一是为提高秧苗成活率和早发快长，秧苗要尽量选用苗床中的壮苗，壮苗特征为秧茎秆粗壮、生长健壮、叶片旺盛、根系发达、无病虫、茎粗节密、叶大厚实、叶绿有光泽、顶端 3 叶齐平。二是采摘前要经过充分炼苗，一般秧苗栽前在苗床内经过 3～5 天的日晒，使秧苗叶子深绿色，叶片变厚，如把秧苗掐掉一节后，断面处有白色乳浆流出。三是割苗最好在下午进行，这时薯苗体内含水分少，乳汁较浓，割后伤口易愈合，抗旱能力强，插后成活率高。四是插植苗的长度约 20～25 厘米；若割苗后用草木灰蘸伤口，也能提高成活率和抗旱能力。

(2)平衡施肥，提高水分利用效率。合理配施氮、磷、钾肥可以提高甘薯对土壤水分的利用效率。干旱条件下，平衡施肥在某种程度上可以提高甘薯的抗旱能力。2003—2004 年在湖北当阳采用人工摸拟对鄂薯5号的抗旱性进行了建模分析，试验中鄂薯5号按氮234千克/公顷、五氧化二磷147千克/公顷、氧化钾477千克/公顷的组配方式经济学产量最佳（试验土壤农化性状：有机质23.37克/千克、全氮2.41克/千克、碱解氮116毫克/千克、有效磷19.2毫克/千克、速效钾65毫克/千克）。

（3）秸秆覆盖，减少水分蒸发量。田间覆盖作物秸秆，可以有效减少田间水分的蒸发量，同时还可以通过秸秆还田，增加土壤钾素水平。一般大田在中耕除草完成后（6月份），每公顷用稻草或麦草22500～30000千克，盖草的厚度以2～3厘米为宜。

（4）避灾栽植。根据甘薯生长需水规律的变化和对土壤水分变化规律的预测，可以有效避开不适宜甘薯生长的干旱季节，达到高产目标。据有关研究表明，甘薯大田生产中，生长前期（尤其是在扎根发棵期）是甘薯块根产量形成最关键的时期；其次是生长后期（尤其是茎叶衰退块根迅速膨大后期）；并且土壤含水量保持在61％～80％最有利于块根的形成。所以在育苗时要注意培育早苗，并根据当地实际适时早栽，湖北省大田移植时间定在5月10日以前为佳。另外，如移植期遇到干旱，还可以采用蘸泥、用生根粉浸泡等方式，减少灾害损失。

### （三）大田管理

#### 1. 甘薯生长前期大田管理

（1）发根返苗期。①查苗补苗。甘薯栽插后5～7天内要及时查苗，发现缺苗断垄的田块，要及时补上健壮苗，补缺后浇透水，促进晚苗快发，保证全苗。②中耕除草。甘薯活棵后

到封垄前应进行中耕除草。并结合除草，向垄上进行培土。做到浅锄垄深锄沟，防旱灭草保墒情。③病虫害防治。甘薯发根返苗期是地老虎的多发期，防治方法是在 4 月中旬成虫产卵期除净杂草，减少产卵场所和幼虫的食料来源；栽种时结合防治甘薯茎线虫病，可用 5%多菌灵浸苗基部 10 分钟；地老虎 3 龄后，如果危害严重，用铡碎的鲜草拌 90%敌百虫 800 倍液，在傍晚撒在薯垄内毒杀。

(2)分枝结薯期。通常甘薯在栽插后 12～15 天开始形成块根，到 40～60 天时已能看到块根的雏形，这段时间即为甘薯的分枝结薯期。此期应做好以下工作：当长蔓甘薯主蔓长到 40～50 厘米时进行机械割蔓，可控制蔓长和促进分枝，以利于甘薯早结薯和干物质积累。在雨后要进行中耕除草。如果天气干旱，应及时喷灌浇水，以利于甘薯的茎叶伸展和块根早期膨大。同时，要做到垄沟、腰沟、地头沟“三沟”配套疏通，保障大雨之后及时排水，以防止水涝灾害的发生。

2. 甘薯生长中期大田管理

甘薯生长中期即薯块膨大期，是甘薯高产的关键。此阶段从茎叶封垄到茎叶生长达到高峰，薯块相应增粗膨大。春薯一般在栽后 60～90 天，夏秋薯在栽后 40～70 天。这一阶段的管理重点主要有以下几方面：

(1)防旱排涝。这一时期，甘薯地上茎叶迅速增长，养分向上不向下，这时应注意排水，即雨后及时迅速排除地面积水，控制地上部旺长。对于干旱年份需浇水防旱，使薯块能在不湿不干的土壤里迅速膨大。

(2)提蔓断根，不能翻蔓。在高温多雨季节，土壤湿度过大，某些品种扎根过多，或者高产田肥水大，白根扎得多而深。提蔓可以减少供叶水分和养分，控制茎叶徒长，同时可以晾晒垄土,改善土壤通透性。一般在下雨后进行。下雨次数多,提蔓的次数也应多。茎蔓生长不良时,不宜提蔓;生长过旺时,提蔓次数应增多,伤断蔓根,控制茎叶徒长;茎叶生长正常时,其提蔓次数以2～3次为宜。长蔓品种提蔓次数多,短蔓品种提蔓次数少,以1次为宜。天气干燥不宜提蔓。另外,提蔓应与施肥、喷药、锄草等其他措施相结合,以提高甘薯的产量。在甘薯生产过程中严禁翻蔓,因为翻蔓损伤茎叶,搅乱叶片的均匀分布,影响叶片的光合效能,造成减产。如果是阴雨后翻秧,由于蔓藤水分足,更易翻断。翻藤一是影响了光合作用,打乱了作物叶片自然分布,出现叶片严重变黄、死藤、脱落等现象。每翻一遍藤需5～7天茎叶才能恢复正常生长,这期间会影响薯块生长。二是造成新生分枝丛生,消耗大量养分,会影响地下薯块生长。翻藤后根蒂扭动严重,部分小根被翻断,甚至整株被扭断,导致薯块结得少,甚至完全“脱根”。不翻藤扎的腰根多且深,根系吸收养分多,秧蔓粗壮,叶片肥厚,光合作用好,抗旱力强,腰根系结些薯块,可促进红薯多增长。

(3)喷施多效唑。对于徒长地块,每亩用15%的多效唑50～70克,兑水50千克喷雾,一般2～3次。

(4)追催薯肥。生长中期注意追肥,主要是钾肥如硫酸钾、草木灰等。因为钾肥能够延长叶龄,还能提高光合效能,促进光合物质的运转,能使钾、氮比值提高,促进薯块迅速膨大。一般每亩施用硫酸钾10千克,或草木灰100～150千克。

(5)防治食叶害虫。甘薯生长中期应注意及时防治甘薯天蛾。在甘薯天蛾幼虫三龄前及时喷洒2.5%敌百虫粉,每亩1.5～2千克;或喷施90%晶体敌百虫1500倍液或50%辛硫磷1000倍液或32%杀灭毙乳油3200倍液,喷药宜在晴天下午4～5时后进行。虫口密度大、危害重的田块,可隔3～5天

再喷1次。

3. 甘薯生长后期大田管理

甘薯生长后期叶片生长基本停滞，叶片光合作用合成的养分集中向块根(薯块)转移，薯块增重迅速，是薯块膨大的关键时期。甘薯在生长后期增重占全重的60%～70%。因此，为提高单位面积产量，必须加强甘薯生长后期的栽培管理，保护好叶片，延长其光合作用时间，创造有利于薯块生长的条件，现将其措施简介如下。

(1)补施裂缝肥(膨大肥)。甘薯进入块根膨大期后，薯垄由于薯块膨大而出现裂缝，部分根系受损而对养分的吸收能力降低，为了保持养分的合理供应，同时为了防止叶片早衰，而采用裂缝追肥。一般每亩施过磷酸钙 15 千克、硫酸铵 10 千克；或每亩用尿素 4 千克加硫酸钾 5 千克兑水 100 千克灌施；或每亩施草木灰水 150 千克，效果更佳；或每亩用清水粪肥 750～1000 千克，兑磷酸二氢钾 500 克；或用过磷酸钙 5 千克、草木灰 50 千克，分别用水浸泡过滤，混合在粪肥中，早晨或傍晚沿裂缝灌施，灌后用土填塞裂缝。

(2)严禁翻蔓。甘薯在封垄后要严禁翻蔓，因为翻蔓不仅降低叶片的光合作用，降低养分的积累，而且茎蔓受到损伤也会影响薯块增重，因此在蔓块膨大期要严禁翻蔓。对于长势较旺的薯田，可采用打蔓尖的方法控长，或者采用提蔓也可以降低纤维根的生成，这样既可促进薯块膨大，又不削弱叶片的光合作用。

(3)叶面喷肥。甘薯生长后期，根系吸收养分的能力变弱而且追肥不便，这时可采用根外追肥，弥补养分的不足，可有效防止叶片早衰，增强后劲，达到很好的增产、增收效果。可用0.5%的尿素稀释液，或2%～3%的过磷酸钙液，或5%的草木灰水,或0.2%～0.3%的磷酸二氢钾溶液和1%的尿素叶面喷施,7～10天喷1次,连喷2～3次。

(4)旱浇涝排。在薯块膨大期,一要清沟降渍害:甘薯块根膨大期,降雨较多,应及时疏通田间排水沟,减轻渍害。二是出现秋旱,应及时浇水。在收获前半个月要停止浇水,防止薯块含水量过高,影响薯块的贮藏。

## 第四节　收获与贮藏

### (一)收获

淀粉型甘薯没有明显的成熟期,只要气候条件适宜,就能继续生长,也就是生长期越长,营养积累越多,产量就越高。南方气候适宜,产量提高容易。而北方受无霜期的限制,必须做到适时收获,收获早,缩短薯块膨大的时间,产量就会降低;收获迟,因气温下降,茎叶不能进行光合作用,增产效果不明显,而且易受冻害,不利于甘薯的贮藏和加工。因此,要改变霜打薯叶变黑再收获或不上冻就不收获的习惯。就湖北而言,10月20～30日应及时收获入窖。历年的气候经验,这段时间甘薯已停止生长,再推迟会受冻害。当然也可以根据加工企业的需要提前收获,以保证原料供应周期。

1. 收获期对甘薯出干率及贮存保鲜的影响

收获早,块根积累养分时间缩短,出干率相应降低;收获迟,低温导致薯肉淀粉水解转化为糖和水,也大大减少出干率和出粉率。根据有关资料证明,10月20日以后收获的,收获期愈晚,出干率愈低。所以,要掌握时机,抓紧收获,有计划地安排收获、贮存、切干晾晒、淀粉加工等工作,并注意天气预

报，防止晚秋气温下降受冻，造成不必要的经济损失。

甘薯收获的早晚，直接影响其耐贮性。收获过早，产量降低，淀粉含量下降，贮存成本上升，影响经济效益；收获过晚，受低温影响，轻则薯块生活力下降，不耐贮存，重则受冻害，引起烂熟、烂窖。

2. 甘薯适期收获的确定及收获方法

甘薯的收获应根据作物布局、耕作制度、初霜的早晚，以及气候变化来确定收获适期，其中气温变化最重要。一般应在当地平均气温降到12～15℃之间收获最佳。如果甘薯的后茬作物为小麦或油菜，其收获期应安排在后茬作物适时播种之前。所以要根据具体情况，分轻重缓急安排收获次序。另外，加工、贮存、晾晒等准备工作应同时进行。留种用甘薯应掌握在霜降前5～7天收获为宜，以便安全贮存。

甘薯收获方法有两种：一是人工收获，二是机械收获。人工收获费时、费工、费力、破碎多、漏薯多，如果机械收获，薯块损伤率可降至3%，并能省工省时。

收获时应做到轻刨、轻装、轻运、轻放、保留薯蒂，目的是尽可能减少伤口，减少贮藏病害的侵染概率。另外，要注意天气变化，要注意防冻、防雨、边收边贮，不在地里过夜。因为鲜薯在9℃就会受轻微冻害，而且不宜察觉，贮存1个月后溃烂才表现出来，造成人为的损失。不损伤薯蒂，在贮存中可以减少烂薯，做种薯用，薯蒂上的潜伏芽能增加产苗数。收获后，薯块要选择分类，做好装、运、贮各道工序，即对断伤、带病、虫贮、冻伤、水浸、雨淋、碰伤、露头青、开裂带黏泥土的薯块剔除，以减少薯窖中的病害发生。同时还要注意春、夏薯分开，不同品种分开，大小块分开，种薯单存。为保证来年种薯的质量，种薯应挑选150～250克左右的薯块为宜。

## (二)安全贮藏

安全贮藏是甘薯丰收保产、种子妥善保管及进行加工利用的重要环节。因甘薯薯块大,含水量高,皮薄,易破皮受伤,感染病害,对贮藏期温度要求较严。因此在贮藏中稍不注意,很容易发生大量腐烂,不仅会造成重大经济损失,还会影响来年的生产。但甘薯块根本身是贮藏器官,也有一定的耐贮藏性,所以,只要了解和掌握了块根在贮藏期间生理活动变化规律,采取相应的贮藏措施,满足块根贮藏所需要的环境条件,安全贮藏是能够实现的。

在贮藏过程中薯块内部不断进行生理活动和生物化学变化。主要是呼吸作用,愈伤组织的形成,水分、糖分、淀粉的变化等。在贮藏过程中薯块含水量逐渐减少,失水多少与贮藏环境条件有关。薯块中除水分外,以淀粉含量最多,其次为糖分。一般淀粉型甘薯薯块含淀粉20%以上,含糖2%左右,含糊精0.5%。在贮藏过程中有部分淀粉转化为糖和糊精,其中一部分糖分为呼吸作用消耗而损失,另一部分糖分积存在薯块中。淀粉型甘薯贮藏4～5个月后,淀粉含量减少5%～6%,而糖分却增加3%,糊精约增加0.2%。淀粉、糖、糊精总计在贮藏期减少2%左右。

## (三)贮藏技术

甘薯的安全贮藏,是一项技术性很强的工作。在贮藏工作中,必须根据薯块贮藏期间的生物特性,采取合理的管理措施,保障薯块生理活动正常进行,才能达到安全贮藏的目的。

1. 鲜薯入窖

将已精选过的薯块运回窖内进行堆放。鲜薯的堆放应本

着有利于保温、散湿散热为基本原则。堆放时应注意轻拿轻放，不损伤薯皮，薯堆以堆放成正方形为较好，有利于保温；薯埠较大时可每隔 1.5 米竖立一个直径 10 厘米左右的秸秆把，有利于通气、散湿、散热；为了防止边缘薯块下塌，可将薯块堆放成下宽上窄的收敛型，或每堆放 40 厘米左右高度时在其外缘平摆一层长度适宜并带根茬的玉米或高粱秸秆，根朝外，可防止薯堆的下塌。鲜薯堆放之后，在薯堆表面不规则铺盖 30 厘米左右厚的干草，有利于保温和吸湿。

鲜薯的贮藏量，应根据窖的大小决定，贮藏量一般应占整个贮藏室容积的 70%～80%为宜。一般每立方米薯块约重 500 千克。如果贮藏量过小，呼吸热量产生少，在严寒的冬季易受冷害；但贮藏量过大，呼吸作用加强，散失的热量及水汽增加，如通风散热不及时，易引起高湿高温或缺氧，也不利于薯埠的安全贮藏。

2. 贮藏期间的管理

甘薯入窖贮藏期间，应根据薯块本身生理变化特点和外界条件的变化，及时采取措施，调节好窖内的温度、湿度和氧气，以满足薯块正常生理活动的需要，是实现安全贮藏的关键措施。

甘薯贮藏期间的管理，分为前、中、后 3 个时期进行。贮藏前期一般是从薯块入窖到封窖。这一时期，外界温度比较高，受外界温度的影响，窖内温度也较高，薯块呼吸作用旺盛，释放出大量水汽、二氧化碳及热量，常使窖内形成高温高湿度环境，如在通风较差的薯窖，薯堆内的温度可超过 20℃，大量的水汽遇冷，可在薯堆表层凝结成水珠，群众称之为“发汗”。这种高温高湿环境如果持续时间过长，会使薯块消耗大量养分，容易“糠心”或发芽，并容易引起病害的侵染和蔓延。因此，贮藏前期主要是抓好以通风散湿热为主的管理措施，防止薯块“糠心”、发芽和病害侵染蔓延。具体管理方法是，薯埠入窖后将窖内温度保持在20℃左右，促进薯块伤愈合，7天之后打开所有窖门及通气口，进行通风降温散湿，使窖内温度不超过15℃，空气相对湿度保持在85%～90%。如果窖内湿度过大，应把覆盖在薯堆表面吸湿的软草进行更换，防止湿害；如果白天窖外温度较高，可将窖口用苇席或草帘等进行遮盖，防止热量的涌入。当薯窖内温度自然降至14～15℃时进行封窖，并做好越冬防寒的准备工作。

贮藏中期的管理，这一时期，经历时间最长，且正处于最寒冷的季节。由于受外界低温影响，窖内温度较低，薯块呼吸作用减弱，产生热量少，是薯块最容易遭受冷害的时期。因此，这一时期要抓好以保温防寒为主的管理措施，将窖内温度保持在12～14℃，不低于10℃，也不高于15℃，防止薯块遭受冷害。具体措施是，当窖温稳定在14℃时进行封窖，即可封窖门和通风孔等，以防低温冷风的侵入；浅窖顶部盖土较薄的，应进行覆土，采取一层草一层土的方法保温防寒效果较好；也可在窖顶上堆放柴草，有利于薯窖的保温与防寒。在封闭窖门时，应对覆盖在薯堆表面已吸湿的软草进行更换，厚应在30厘米左右，有利于保温防寒。为了促进窖内外气体交换，提高窖内氧气的浓度，防止缺氧，在封闭窖口或通气孔时，将已扎好的直径达10～15厘米的秸秆把放在正中，不规则封闭，既有利于窖内外有别气体的交换，也可防止外界冷空气的大量侵入。

在甘薯贮藏中期需进行窖取薯块的，应提前安装好窖门，有条件的还可在窖门建造临时小屋，以免在进出薯窖时窖内温度下降，影响安全贮藏。

贮藏后期的管理，这一时期一般是从气温回升、大地开始解冻到薯块出窖。在此期间，随着外界温度的断回升，窖内温度开始升高，薯埠的呼吸作用逐渐加强，各种病菌开始活动，加之薯块经过较长时间的贮藏，对不良环境的抵抗能力下降，管理不当时，容易使薯块遭受冷害、病害侵染造成腐烂。

此期的管理应以稳定窖温为主，将窖温继续保持在11～13℃，适当通风、散湿散热，使薯块免受冷害、病害，防止发芽或腐烂。具体做法是，当气温升至11℃时，可打开窖口及通气孔，进行通风换气，并进窖进行检查，如发现薯堆表层有个别腐烂，可取出烂薯，继续贮藏；如果薯堆内外烂薯较多，不能继续贮藏，应及早处理。进窖检查时，为了防止窖内缺氧发生意外人身事故，打开窖口时，先试以灯火，灯火不灭时，才能进窖检查。由于春季气候变化较大，气温不稳定，应注意天气变化，做好保温防寒工作，但也要防止窖内温度过高引起烂薯或发芽。

# 第五章　烘烤鲜食型甘薯高产栽培技术

## 第一节　烘烤鲜食型甘薯定义与主要用途

食用型甘薯是指适宜用于直接煮食或鲜食用的一类甘薯品种，食味好，口感佳，直接用于食用，这种类型的品种主要用于鲜食及食品加工。甘薯含有丰富的营养成分。根据亚洲蔬菜研究和发展中心对1600份甘薯资源进行分析，认为甘薯块根成分主要是碳水化合物（淀粉、糖、纤维等），其次是蛋白质，然后是维生素等。

碳水化合物中含有的膳食纤维素被称为第七营养素，是植物性食物中不能被人体消化酶消化的物质总称。包括纤维素、半纤维素、果胶、木质素等。膳食纤维素按溶解性可分为不溶性（非亲和性）纤维和可溶性（亲水性）纤维两种。不溶性纤维人体摄入后以原型从粪便中排出；可溶性纤维“酵化”后方可产生作用。甘薯一般含有膳食纤维8%，而土豆仅为3%。人体一般每天需要10～20克膳食纤维，相当于200克甘薯即可满足对膳食纤维的需要，根据这个标准，可以实现人体定量供给。

甘薯蛋白质与蛋类相比，赖氨酸和蛋氨酸较少，但品质优于大豆蛋白。品种间蛋白质含量差异较大，但就块根部分而言，靠近上部组织含量较高，靠近皮层的部分含量也较高。非蛋白氮化合物中的氨基酸主要是天冬酰胺（61%）和天冬氨酸

(11%)，另有谷氨酸(4%)、丝氨酸(4%)和苏氨酸(3%)。

甘薯含有大量的维生素，维生素C的含量几乎超过所有的鲜果，如苹果、桃、梨、葡萄等的10～30倍，比橘子还高。维生素C在块根中分布不一，下部含量最高，中部次之，上部最低；切面看，内层部分高于外层部分，这和蛋白质的分布趋势相反。贮藏后，尤其在前3周，维生素C的含量开始下降；蒸煮时因热解和溶于水会造成损失，以罐装时损失最大。同时，蒸煮可使维生素$B_1$损失20%。甘薯是非常好的维生素A来源，较好的维生素C、维生素$B_6$、泛酸、叶酸来源，一般的维生素$B_1$、维生素$B_2$和烟酸来源。个别品种如西蒙一号亦含有丰富的维生素K。维生素A来自胡萝卜素，一个分子的β-胡萝卜素可裂解为两个分子维生素A。薯块受高温时可导致的维生素A损失。甘薯维生素$B_1$、维生素$B_2$的含量是大米的6倍、面粉的2倍。

甘薯含有较多的矿物质，如钾、钠、铁、钙等，个别品种含有较多的磷、硒、硼、铜、钼、锌等，对人体保健具有重要意义。

甘薯不但营养丰富，而且药用价值也较高。我国古代中医和现代中医的大量试验和临床验证，确认甘薯具有降糖、止血、消炎、防癌、通便、延年益寿之功效。因此经常食用甘薯可以起到健身防病的作用。根据日本国立癌症预防研究所对26万人饮食生活与癌症关系的统计调查，证明甘薯的防癌作用。他们通过对40多种蔬菜抗癌成分的分析及抑癌实验结果，从高到低排序，结果表明甘薯的抗癌性名列首位，被誉为“抗癌之王”。甘薯不仅是常人的营养食品，而且是上述病人的功能食品。因此长期食用甘薯，可使疾病减少，脸面红润，容光焕发，精力充沛，减缓衰老，延年益寿。

甘薯的多营养，决定了食用型甘薯在食品加工方面的多用途。以食用型甘薯为原料加工的食品,开展甘薯的综合加工利用,其经济效益正在日益提高。就其制作工艺的不同,大致可分为发酵类和非发酵类两种。发酵类食品主要是用甘薯酿制成白酒、黄酒、酱油、食醋等。非发酵类食品种类很多,包括传统的甘薯罐头、甘薯干、甘薯脯、甘薯酱、甘薯软糖、甘薯泡糖等。即便以甘薯直接加工成各种罐头、果脯、薯干、薯片,或用甘薯粉料做雪糕、冰淇淋辅料也都是市场上的畅销品。例如河南省的红心地瓜干、杞县"甘薯泥"都已远销国外。利用甘薯加工成地瓜干系列产品,在福建省连城县已有百年历史,被列为闽西"八大干"之首,历史上曾被作为"贡品"。近年来,加工红心地瓜干成品达10万吨,产值达5亿多元,畅销33个省、市、自治区、特区,并远销日本和东南亚各国,成为国内外著名的品牌,连城县因此被誉为"中国红心地瓜干之乡"。

## 第二节　烘烤鲜食型甘薯新品种介绍

食味是食用品种最重要的指标之一,人们对于甘薯食用品质的要求依次为香味、甜度、面度。选用品种需求薯形美观,表皮光滑并艳丽,薯肉黄或橘红色,熟食味佳,薯块中等,鲜薯可溶性糖含量3%以上,抗病性强,适应性广,产量较高的品种。目前国内已经育成了一大批食用型甘薯新品种,长江中下游适合推广以下食用甘薯新品种:

1. 鄂薯4号

由湖北省农科院作物所以鄂薯2号×AIS0122-2杂交育成。2002年通过湖北省品种审定委员会审定,2004年通过国家品种鉴定委员会鉴定。2002—2003年参加国家长江流域甘薯品种区域试验。2002年平均鲜薯亩产2682.6千克,比对

照南薯88增产14.00%;薯干亩产667.7千克,比南薯88减产0.70%。2003年平均鲜薯亩产2116.7千克,比对照南薯88增产7.30%;薯干亩产513.4千克,比南薯88减产0.10%。两年平均鲜薯亩产2399.7千克,比南薯88增产10.94%;薯干亩产590.6千克,比南薯88减产0.40%。2004年参加生产试验,在各承试点鲜薯产量均比对照南薯88增产,平均亩产2578.02千克,比南薯88增产14.77%;薯干亩产597.16千克,比南薯88增产0.19%。2005年通过全国甘薯品种鉴定委员会鉴定。顶叶绿色,叶缘褐色,叶心齿形,叶脉淡紫色。茎绿色,分枝6～7个。薯块长纺锤形,薯皮淡红色,薯肉黄色,结薯集中,以薯重计上薯率87%。薯块萌芽性好。夏薯干率24.45%,比对照南薯88低2.96个百分点。耐贮藏,耐湿抗旱性较强,抗根腐病,熟食味好。国家甘薯品种鉴定意见:建议在湖北、江西、湖南和江苏南部作春、夏薯种植。

2. 鄂薯1号

由湖北省农科院作物所以82-1233×徐薯18杂交育成。省区试鲜薯亩产2715.5千克,比徐薯18增产16.73%;平均亩产薯干768.8千克,比徐薯18增产17.17%。顶叶淡绿色,叶片绿色,心脏形,茎紫色,叶脉紫色。基部分枝4个,短蔓型,茎粗壮,匍匐生长。薯块下纺锤形,薯皮红色,薯肉橘黄色。薯块萌芽性好,再生能力强,出苗早而整齐。耐肥耐旱性强,抗黑斑病,高抗根腐病。薯块烘干率30.1%。鲜薯可溶性糖含量3.71%,蛋白质含量4.71%。熟食味香甜,食味佳。适合在长江中下游地区种植。

3. 鄂薯7号

鄂薯7号是湖北省农科院粮作所以浙薯13为母本,鄂606

为父本，采用人工定向杂交选育而成。2008年3月通过湖北省品种审定委员会审(认)定。鲜薯薯块长纺锤形，薯皮红色，薯肉橘黄。叶形浅复缺刻，叶绿色，顶叶形浅复缺刻，顶叶淡绿色，叶脉绿色，茎绿色。植株匍匐生长，最长蔓2.42米，为中蔓型。鲜薯烘干率19.8%、淀粉含量10.8%、粗蛋白质含量0.8%、可溶性糖含量7.71%、纤维素含量0.79%、胡萝卜素含量143.4毫克/千克、灰分含量3.18%，水分80.20%。2007年湖北省农作物品种审定委员会办公室组织部分委员及有关专家，对试种现场进行了现场考察，实测每亩鲜薯3712.8千克，大中薯率81%。抗根腐病、抗黑斑病、中抗软腐病。

4. 鄂薯11号

鄂薯11是湖北省农科院粮作所，以心香为母本，通过放任授粉杂交选育而成。2014年3月通过国家甘薯品种审定委员会鉴定。食用型品种。萌芽性好。长蔓。叶片尖心形，顶叶绿色，成年叶绿色，叶脉绿色，茎蔓绿色。薯形纺锤，黄皮黄肉，结薯集中，薯块整齐，单株结薯3～5个，大中薯率85.36%。食味优。较耐贮。2012年参加国家甘薯品种长江流域薯区区域试验，平均鲜薯亩产2413.7千克，比对照徐薯22增产7.32%。2013年续试，平均鲜薯亩产2480.1千克，比对照徐薯22增产22.87%。2013年生产试验平均鲜薯亩产2317.9千克，比对照徐薯22增产21.82%。高抗蔓割病，抗根腐病，抗茎线虫病，中抗黑斑病。

5. 万薯7号

由重庆三峡农业科学研究所以“丰黄”集团杂交育成。2004年参加长江流域薯区全国甘薯品种区域试验，平均鲜薯亩产2598.0千克，比对照南薯88增产13.68%；薯干亩

产676.4千克，比对照增产9.51%。2005年续试，平均鲜薯亩产2469.6千克，比对照南薯88增产9.04%；薯干亩产658.4千克，比对照增产8.58%。两年区域试验，平均鲜薯亩产2533.8千克，比对照南薯88增10.78%；薯干亩产667.4千克，比对照增产8.92%。2006年生产试验，平均鲜薯亩产2273.1千克，比对照南薯88增产22.10%；薯干亩产653.6千克，比对照增产33.40%；淀粉亩产425.5千克，比对照增产38.30%。2007年通过全国甘薯品种鉴定委员会鉴定。薯块萌芽性优。蔓型半直立，茎绿色。基部分枝3～5个。叶形心脏，顶叶浅褐色，成熟叶浓绿色，叶脉浅褐色，叶柄绿色。单株结薯6～7个，薯块短纺锤形，淡红皮，橘红色肉，结薯集中、整齐，上薯率88%以上。抗黑斑病。耐贮性好。适合在长江中下游地区种植。

6. 浙薯132

由浙江省农业科学院作物与核技术利用研究所以浙薯13×浙薯3481杂交育成。2004年参加长江流域薯区全国甘薯品种区域试验，平均鲜薯亩产1981.6千克，比对照减产11.40%；薯干亩产570.6千克，比对照减产6.51%。2005年续试，平均鲜薯亩产1950.9千克，比对照减产14.14%；薯干亩产574.2千克，比对照减产5.30%。两年区域试验，平均鲜薯亩产1966.3千克，比对照减产12.87%；薯干亩产572.4千克，比对照减产5.90%。2006年生产试验，平均鲜薯亩产2179.8千克，比对照南薯88减产0.01%；薯干亩产684.6千克，比对照南薯88增产11.05%。2007年通过浙江省非主要农作物品种认定委员会认定，2007年通过全国甘薯品种鉴定委员会鉴定。平均蔓长250.3厘米，中蔓型，茎色绿。叶形心齿型，顶叶色绿边紫，成叶绿色，叶脉紫色，叶柄绿色。基部分枝数4.9个。

薯块短纺锤形，红皮橘红肉，结薯集中、整齐，单株结薯4～6个，薯块个头较小，大中薯率以块数计为46.06%，以重量计为76.59%。薯块萌芽性中等。生育期110天左右。夏(春)薯块干物率29.14%，食味优。适合在长江中下游地区种植。

7. 宁薯192

由江苏省农科院粮食作物研究所以苏薯5号×苏薯4号杂交育成。2000—2001年参加长江流域薯区甘薯品种区域试验，两年鲜薯平均亩产2786.0千克，比对照品种南薯88增产29.17%，在这一轮所有参试品系中居第一位；薯干平均亩产668.1千克，比对照品种南薯88增产14.28%，也居第一位。干物率为23.90%，大中薯率为92.10%。2002年在长江流域薯区的重庆、湖南和湖北的生产试验结果，平均鲜薯亩产2964.0千克，比对照品种南薯88增产12.50%；薯干减产3.30%。2003年通过全国甘薯品种鉴定委员会鉴定。顶叶绿色、叶脉淡紫，叶片心脏形，叶和茎均为绿色。长蔓型，茎粗0.53厘米，单株分枝数6～8个。单株结薯数3个左右，薯形下膨纺锤形，薯皮淡红色，薯肉橘红色，结薯早且整齐，大中薯率高。干物率23.90%左右，每100克鲜薯含胡萝卜素3.23毫克，淀粉率为11.80%。中抗根腐病。该品种肉色鲜红，质地细，纤维少，味淡，水分比较多，烘烤品质较佳。适宜在长江流域薯区作春夏薯栽培。

8. 苏薯10号

由江苏省农科院粮食作物研究所以商52-7×苏薯2号杂交育成。2002—2003年参加长江流域薯区甘薯品种区域试验。2002年平均鲜薯亩产2177.66千克，比对照南薯88减产6.28%；薯干亩产660.08千克，比南薯88增产0.19%。2003年平均鲜薯亩产1727.9千克，比对照南薯88

减产12.43%;薯干亩产507.6千克,比南薯88减产1.19%。两年平均鲜薯亩产1964.5千克,比对照南薯88减产9.20%;薯干亩产585.40千克,比南薯88平均减产1.30%。2004年参加生产试验,平均鲜薯亩产1963.7千克,比对照南薯88增产1.10%;薯干亩产592.3千克,比南薯88增产11.24%。2005年通过全国甘薯品种鉴定委员会鉴定。顶叶、叶片均为绿色,叶片心齿形,叶脉紫色。长蔓,茎绿色。基部分枝5～6个。单株结薯3个左右,薯块下膨纺锤形,红皮橘红肉,结薯早且整齐,上薯率高。薯块萌芽性好。夏薯干物率30.40%,总可溶性糖含量为5.58%,胡萝卜素含量为3.15毫克/100克。加工品质较好。抗根腐病。适合在长江中下游地区种植。

9. 桂紫薇薯1号

由广西壮族自治区农业科学院玉米研究所育成。审(鉴)定情况:2016年通过国家品种鉴定委员会鉴定,鉴定编号为国薯鉴2016027;2014年通过广西农作物品种审定委员会审定,审定编号为桂审薯2014005号。品种来源:该品种是以糊薯1号为母本,以广薯104为父本,采用杂交授粉选育而成的甘薯新品种。特征特性:该品种株型半直立。顶叶绿色,叶绿色,叶脉绿色,茎紫色,叶形三角形。中短蔓。单株结薯5个以上,薯形中短纺锤形,均匀,薯皮紫红色,薯肉白紫相间,干物率为27.80%。蒸熟品尝食味香、甜、黏、细。产量水平:2006年参加广西甘薯生产试验,鲜薯平均亩产1807.7千克,比桂薯二号减产6.53%。2013年参加广西甘薯新品种区域试验,鲜薯平均亩产1793.5千克,比桂薯二号增产0.50%;薯干平均亩产571.5千克,比桂薯二号增产36.40%;干物率31.90%;食味77.5分。推广地区及范围:广西、广东、福建(龙岩除外)、江西等地适宜区域。

10. 黔薯5号

由贵州省生物技术研究所育成。审(鉴)定情况:2015年通过贵州省农作物品种审定委员会审定通过,审定编号为黔审薯2015001号。品种来源:甘薯新品种黔薯5号,亲本为苏薯8号集团杂交。其育种方法为利用苏薯8号、紫云红心薯、广薯87、豫薯王、广紫1号、红香蕉进行集团杂交,获得杂交实生籽,经过多年筛选及复选鉴定,2010年选育出12s003株系。2011年进入品种比较试验,2013年进入第一年区试。2014年是第二年区试,并参加生产试验。特征特性:该品种为兼用型。顶叶、叶为绿色,叶脉、茎秆色为淡紫色,叶形尖心形。中蔓,半直立型,茎粗0.58厘米,单株分枝数3～7个。萌芽性好,幼苗生长势较强。栽插后发根缓苗快,生长势较强。结薯集中,薯块整齐,单株结薯3～6个,薯块纺锤形,薯皮红色,薯肉橘红色。薯块耐贮藏。无严重病虫害。全生育期140天。产量水平:2013年省区域试验平均亩产2464.64千克,比对照1——铜薯2号、对照2——福薯16分别增产13.30%、28.50%,增产极显著。2014年省区域试验续试平均亩产2901.62千克,比对照1、2分别增产14.73%、41.81%,增产极显著。两年平均亩产2683.13千克,比对照1、2分别增产14.02%、35.16%,增产点次为100%。2014年生产试验平均亩产2498.91千克,比对照1、2分别增产14.48%、29.27%,3个试点全部增产。推广地区及范围:贵州省贵阳市、遵义市、铜仁市、黔东南、安顺市等地区。

11. 苏薯16号

由江苏省农业科学院粮食作物研究所育成。审(鉴)定情况:2012年通过江苏省农作物品种鉴定,鉴定编号为苏鉴薯201201。品种来源:以从美国引进的食用甘薯品种Acadian

为母本,以南充农科所育成的南薯 99 为父本,采用人工杂交育种的方法选育而成。特征特性:食用型甘薯品种。顶叶绿色、叶脉绿色,叶片心脏形,茎绿色。短蔓型,单株分枝数 10 个左右。薯形短纺锤形,薯形光滑整齐,薯皮紫红色,薯肉橘红色,单株结薯数 5 个左右。块根干物率为 28%,总可溶性糖为 4.46%,胡萝卜素含量 3.91 毫克/100 克。熟食黏甜风味佳,熟食品质较好。萌芽性较好。耐贮藏。抗黑斑病,中抗根腐病,不抗茎线虫病。产量水平:2009—2010 年参加江苏省甘薯品种区域试验,两年平均鲜薯亩产 2067.60 千克,比对照苏渝 303 增产 3.79%;两年平均薯干亩产量为 578.80 千克,比对照苏渝 303 增产 7.78%。2011 年参加江苏省甘薯品种生产试验,平均鲜薯亩产为 1996.00 千克,比对照苏渝 303 平均增产 8.06%;薯干平均亩产为 517.70 千克,比对照苏渝 303 平均增产 7.73%。推广地区及范围:近年来经多点示范表明该品种适宜在江苏、河南、河北、湖北、湖南、重庆等省(市)种植。

12. 万薯 10 号

由重庆三峡农业科学院育成。审(鉴)定情况:2015 年通过重庆市农作物品种审定委员会专家组鉴定。品种来源:"万 0520-6"集团杂交。特征特性:顶叶绿带紫色,成熟叶色绿,心齿形,叶脉绿色,脉基绿色,叶柄绿色,茎绿色。蔓长中等,单株分枝数 4~5 个。薯块纺锤形,薯皮红色、薯肉白色,单株结薯数 4~5 个。抗黑斑病。块根干物率平均为 33.17%,淀粉率平均为 22.50%。熟食品质较好。产量水平:2014—2015 年市区试两年平均鲜薯产量 2502.0 千克/亩,比对照增产 25.40%,83.33%点次增产;薯干产量 829.2 千克/亩,增产 31.08%,83.33%点次增产;淀粉产量 562.5 千克/亩,增产 32.82%,

83.33%点次增产。薯块烘干率平均33.17%，高出对照1.06个百分点；薯块淀粉含量平均22.50%，高出对照0.92个百分点。2015年生产试验平均鲜薯产量2399.2千克/亩，比对照徐薯22增产18.62%；薯干产量795.8千克/亩，增产22.53%；淀粉产量539.8千克/亩，增产23.67%。推广地区及范围：适宜在重庆市种植。

13. 烟薯25

由山东省烟台市农业科学研究院育成。审(鉴)定情况：2012年通过国家品种鉴定委员会鉴定，鉴定编号为国品鉴甘薯2012001号；2012年通过山东省审定，审定编号为鲁农审2012035号。品种来源：鲁薯8号放任授粉。特征特性：食用型品种。萌芽性较好。中长蔓，分枝数5～6个，茎蔓中等粗。叶片浅裂，顶叶紫色，成年叶、叶脉和茎蔓均为绿色。薯形纺锤形，淡红皮橘红肉，结薯集中，薯块整齐，单株结薯5个左右，大中薯率较高。耐贮性较好。食味特好。鲜薯胡萝卜素含量3.67毫克/100克，干基还原糖和可溶性糖含量较高，是目前最佳的烤薯品种。两年区试平均烘干率25.04%，食用干率适中。抗根腐病和黑斑病。产量水平：2010—2011年参加国家区试，两年19点次平均鲜薯产量2014.6千克/亩，较对照徐薯22增产1.30%，居第一位。2011年参加国家生产试验，平均鲜薯产量2382.0千克/亩，比对照徐薯22增产8.58%。2009—2010年参加山东省区试，两年14点次平均鲜薯产量2430.5千克/亩，较对照徐薯18增产23.88%，居第二位。2011年参加山东省生产试验，鲜薯产量在济宁、日照、泰安、济南、烟台五个试点均比对照增产，鲜薯平均产量2495.55千克/亩，较对照徐薯18增产33.58%。推广地区及范围：建议在内蒙古以南、福建以北的丘陵山地及沙土地推广种植。

14. 福薯604

由福建省农业科学院作物研究所育成。审(鉴)定情况:2016年通过国家甘薯品种鉴定(国品鉴甘薯2016008)。品种来源:以广薯87为母本放任授粉选育而成。特征特性:该品种萌芽性较好。株型半直立,中长蔓分枝多。顶叶绿色,成叶绿色,叶心形带齿,叶主脉绿带紫色,茎绿色,茎偏粗。薯形上膨,薯块外皮红色,薯肉橙红色,结薯集中、整齐,单株结薯数5.2个,大中薯率79.40%。耐贮性好。食味平均评75.6分,高于对照。广东薯瘟病抗性鉴定为感病,福建薯瘟病抗性鉴定为Ⅰ型中抗、Ⅱ型感病,蔓割病抗性鉴定为中抗。产量水平:春薯鲜薯亩产2800~3000千克,秋薯鲜薯亩产2200~2500千克。推广地区及范围:建议在福建、海南、广东(广州除外)、广西、江西适宜地区种植。

15. 广薯87

由广东省农业科学院作物研究所育成。审(鉴)定情况:2006年通过国家甘薯品种鉴定委员会鉴定,鉴定编号为国鉴甘薯2006004;2006年通过广东省农作物品种审定委员会审定,审定编号为粤审薯2006002;2009年通过福建省农作物品种审定委员会审定,审定编号为闽审薯2006001;2015年通过河南省农作物品种鉴定,鉴定编号为豫鉴甘薯2015001。品种来源:广薯69计划集团杂交后代中选育而成。特征特性:优质食用与淀粉加工型品种。株型半直立,短蔓。分枝数较多。顶叶绿色,叶形深复,叶脉浅紫色,茎为绿色。萌芽性好,苗期生长势旺。结薯早,耐干旱,一般单株结薯5~9条,大中薯比率76%,薯形下膨,薯皮红色,薯肉橙黄色,薯身光滑、美观,薯块均匀,结薯集中,单株结薯数多。耐贮藏。干物率29.60%,淀粉率19.39%。蒸熟食味粉香、薯香味浓,口感好。抗薯瘟病和蔓割病。产量水平:2004—2005年国家甘薯(南方薯区)区试,鲜薯平均亩产2387.1千克,比对照种金山57增产5.18%,未达显著水平,有62.50%试点增产;薯干平均亩产711.89千克,比对照种增产19.18%,达极显著水平。2005年在江西、福建、广东三个试点的生产试验结果,鲜薯平均亩产2614.3千克,比对照品种金山57增产8.13%;薯干平均亩产785.41千克,比对照品种增产33.27%。推广地区及范围:我国三大薯区都适宜种植。

16. 济薯26

由山东省农业科学院作物研究所育成。审(鉴)定情况:2015年通过国家鉴定,鉴定编号为国品鉴甘薯2014002号。品种来源:以甘薯品种徐03-31-15做母本,经集团杂交选育而成。特征特性:结薯集中整齐,薯块光滑漂亮,商品性好。可溶性糖含量高,食味优,耐贮性好,适合优质鲜食甘薯产业化开发。薯形纺锤,红皮黄肉,肉色均匀。萌芽性较好。中蔓,分枝数10个左右,茎蔓较细。叶片心形,顶叶黄绿色带紫边,成年叶绿色,叶脉紫色,茎蔓绿色带紫斑。抗蔓割病,抗根腐病,中抗茎线虫病,感黑斑病。产量水平:2012—2013年参加国家北方薯区甘薯品种区域试验。2012年国家区试中鲜薯单产第一,品质评价优,2013年破格同时参加第二轮区试和生产试验,两年平均夏薯鲜薯亩产2260.1千克,较对照徐薯22增产9.21%,增产达极显著水平。2013年国家甘薯产业技术体系柳絮杯高产竞赛,平原旱地济薯26平均亩产鲜薯3706.89千克,获北方区优质鲜食组亚军。该品种产量潜力大,2015年山东夏津、青岛平度、烟台莱阳、河南郑州、河北威县等不少种植大户的济薯26至10月中旬鲜薯亩产已大面积突破4000千克,某些经验丰富的种植户,大田管理得当,鲜薯

产量过万斤。推广地区及范围:在山东、河南、河北、山西、陕西、重庆、贵州、江苏、江西、福建等地均有很好的适应性。

17. 晋甘薯9号

由山西省农业科学院棉花研究所育成。审定情况:2011年通过山西省农作物品种审定委员会审定,审定编号为晋审甘薯(认)2011002。品种来源:山西省农科院棉花研究所2004年以晋甘薯5号为母本,秦薯4号为父本,经杂交选育而成。冬季在温室经过加代选育,于2006年出圃,定名为运薯22。2011年通过山西省农作物品种审定委员会审定,定名为晋甘薯9号。特征特性:叶片绿色,心形,叶脉基部淡紫。茎绿色,短蔓,基部分枝较多。自然开花。紫红皮,白色肉,略带淡黄色。薯块长纺锤形,结薯集中,单株结薯4~6个,大薯率高。萌芽性好。抗病。耐贮藏。品系淀粉含量16.69%,可溶性糖含量2.61%,维生素C含量26.6毫克/100克,胡萝卜素0.579毫克/100克。产量水平:晋甘薯9号2009—2010年参加省甘薯区域试验,2009年试验点数为6个,6点增产,平均产量3610.7千克/亩,对照晋甘薯5号平均产量3180.9千克/亩,平均增产率达13.50%。2010年试验点数为6个,6点增产,晋甘薯9号平均产量3131.8千克/亩,对照晋甘薯5号平均产量2798.0千克/亩,平均增产率达11.90%。推广地区及范围:适宜于山西省中南部及北部薯区栽培,也可在黄淮流域甘薯薯区种植。

18. 南薯016

由南充市农业科学院育成。审(鉴)定情况:2016年通过四川省品种委员会审定,审定编号为川审薯2016 007。品种来源:浙薯13集团杂交。特征特性:南薯016属中熟、中长蔓型品系。叶形浅复缺刻,顶叶色绿边褐,叶脉绿,柄基褐,叶色绿，叶片中等大。蔓色绿，蔓较细，蔓长中等，分枝4～6个，蔓茸毛少，株型半直立。薯形长纺锤形，皮色红色，肉色浅橘红，熟食品质优。耐贮藏。烘干率26.71%，淀粉率17.06%。中抗黑斑病。产量表现：2013—2014年两年平均鲜薯亩产2275.5千克，比对照增产10.30%；薯干亩产609.6千克，较对照增产3.90%；淀粉亩产395.4千克，比对照增产3.80%。薯块干率26.71%，较对照低1.77个百分点；淀粉率17.06%，较对照低1.43个百分点；大中薯率80%。推广地区及范围：四川甘薯种植区。

19. 南薯017

由南充市农业科学院育成。审(鉴)定情况：2016年通过四川省品种委员会审定，审定编号为川审薯2016 008。品种来源：D01545集团杂交。特征特性：南薯017属中熟、中蔓型品系。叶形心形，顶叶色紫，叶脉淡褐，柄基褐，叶色绿边褐，叶片中等大。蔓色绿带紫，中等偏细，蔓长中等，分枝3～9个，蔓无茸毛，株型匍匐。薯形长纺锤形，皮色红色，肉色黄红色。萌芽性好。熟食品质优。烘干率27.96%，淀粉率18.17%。抗黑斑病。产量表现：2013—2014年两年两年平均鲜薯亩产2084.0千克，比对照增产1.00%；薯干亩产589.1千克，较对照增产0.40%；淀粉亩产387.0千克，比对照增产1.60%。薯块干率27.96%，较对照低0.52个百分点；淀粉率18.17%，较对照低0.32个百分点；大中薯率87%。推广地区及范围：四川甘薯种植区。

20. 徐薯33

由江苏徐州甘薯研究中心育成。审(鉴)定情况：2015年通过江苏省农作物品种审定委员会鉴定，鉴定编号为苏鉴薯201508。品种来源：苏薯8号×济薯18，杂交选育。特征特性：

食用型品种。该品种萌芽性较好。中短蔓,分枝数9~10个,茎蔓较粗。叶片深缺,顶叶绿色带紫边,成年叶深绿色,叶脉紫色,茎蔓浅紫色。薯块纺锤形,薯皮紫红色,薯肉橘黄色带紫,结薯较集中薯块较整齐,单株结薯4个左右,大中薯率高。薯干较平整,食味较好,干基还原糖和可溶性糖含量较高,熟食品质黏糯香甜。胡萝卜素含量50.0微克/克鲜重左右,花青素含量80.0微克/克鲜重左右。较耐贮。中抗根腐病,感黑斑病,高感茎线虫病和蔓割病,综合评价抗病性一般。产量水平:2014—2015年参加国家甘薯北方薯区区域试验,两年20点次平均鲜薯产量2472.0千克/亩,较对照徐薯22增产14.06%,增产达极显著水平;薯干产量579.1千克/亩,较对照减产6.97%。同期参加江苏省甘薯区试,两年平均鲜薯产量2417.26千克/亩,比对照苏渝303增产15.47%;薯干产量540.55千克/亩,比对照减产0.13%。平均烘干率23%左右,比对照低3~5个百分点。推广地区及范围:建议在江苏北部、北京、河北、陕西、山西、山东、河南、安徽中北部适宜地区作食用品种种植。注意防治黑斑病。

21. 岩薯5号

由福建省龙岩市农业科学研究所育成。审(鉴)定情况:1997年通过福建省品种审定委员会审定,鉴定编号为闽审薯97001号;2000年通过江西省品种审定委员会审定,鉴定编号为赣农种字(2000)第04号;2001年通过国家品种审定委员会审定,鉴定编号为国审薯2001001号。品种来源:以岩齿红作母本,岩94-1为父本,通过有性杂交选育而成。特征特性:顶叶紫,叶脉绿,叶形浅复缺刻。短蔓、中粗,分枝较多,株型半直立。茎叶生长势强。单株结薯数4~8条,大中薯重占90%,结薯集中,薯块大小较均匀整齐,薯块纺锤形,薯皮紫红色，薯肉橘红色。种薯发芽早，长苗快，薯块较耐贮藏。耐旱、较耐水肥，适应性强。高抗蔓割病，不抗薯瘟。薯块晒干率26%左右，出粉率11.7%。以鲜基计，100克鲜薯中含可溶性糖57.9毫克，胡萝卜素7.7毫克；以干基计，粗蛋白4.38%，粗脂肪1.70%，磷0.084%，钾1.33%。食味软甜。产量水平：1994—1995年参加福建省甘薯新品种区试结果，两年平均鲜产、干产分别为2713.11千克/亩、709.33千克/亩，分别比对照新种花增产34.30%、31.10%，均居参试品种首位。推广地区及范围：该品种适合在非薯瘟区种植。

## 第三节 烘烤鲜食型甘薯高产栽培技术

### (一)育苗

育苗是食用型甘薯生产的重要环节，育苗方式选用不当会影响出苗数量、质量及供苗时间。不同育苗方式所需成本、劳力、技术不同，各地应根据当地自然条件、耕作制度、育苗条件和育苗技术水平合理选用。常用的育苗方式有酿热温床覆盖塑料薄膜育苗、电热温床育苗、塑料大棚育苗三种方式。

酿热温床育苗：

酿热温床覆盖塑料薄膜育苗，是利用牲畜粪、作物秸秆等酿热材料发酵生热，并结合利用太阳光热能提高床温的育苗方式。该育苗方式做床简单、成本低、省工、出苗早，酿热物来源广，便于就地取材，而且用过的酿热物还可作肥料。

选择背风向阳的地方建苗床，床宽1.2～1.5米，深40厘米，床长根据地形和需要而定。酿热物加水调湿，使水分含量达最大持水量的80%，以手紧握酿热物指缝见水而不滴水为

度。酿热物调湿后填入床内，厚25厘米，轻拍表面不踩实，保持疏松，搭拱棚盖塑料薄膜，膜四周用土封严。晴天晒床提温，温度低时晚上盖草帘保温，以利于微生物活动。酿热物温度上升至35℃时，选晴天中午揭开薄膜踩实，填入8～10厘米厚的土，排种，盖塑料薄膜增加床温，以利于早出苗、早栽插。

酿热物可采用牲畜粪、农作物秸秆等，不腐熟。牲畜粪为高热酿热物，秸秆等为低热酿热物。使用低热酿热物时应加入适量氮素肥料，以促进微生物活动，提高床温。生产上一般将低热酿热物和高热酿热物配合使用，这样可使温度上升快、持续时间长。

电热温床育苗：

电热温床育苗是利用电热提高床温的育苗方式，能根据种薯萌芽性人工调节出苗和炼苗时的床温，省工、出苗早、苗质好。选择背风向阳、地势平坦、靠近水源和电源的地方建苗床，床长10米、宽1.2～1.5米、深12厘米，床底铺过筛细土，整平踩实。取两块长度与床宽相等的木板，上面按5厘米间距钉一排钉子后横放在苗床两头固定，在两排钉间绕电热线，电热线应平直、松紧一致。上盖7厘米厚的土压住电热线后取出木板，浇水，搭棚覆盖塑料薄膜和草帘。电热线通电加温至育苗所需温度后排种薯。电热线长度应根据电热线型号、功率而定，不得随意截短。根据需要确定电热线间距，要求升温快线距可小些，反之线距可大些。苗床排种前应做通电试验，但不能整盘都做通电试验，以免烧线。

塑料大棚育苗：

塑料大棚育苗是利用塑料薄膜吸收和保存太阳热能提高床温的育苗方式。目前生产上多采用大棚内加小拱棚及地膜覆盖的三膜覆盖育苗方式。这样能有效利用光能，增温保温效果好,育苗时间提早,出苗早而快。大棚架材可选用钢管、塑料管、竹片等,棚的大小根据大棚架材料、种薯数量及苗床面积而定。在大棚内做宽1.2～1.5米的苗床,平整床土后排种薯。排种前苗床一次性浇透水,排种后盖土、覆地膜,上搭小拱棚。种薯出苗后及时移去地膜,以免烧苗。出苗前苗床土温达35℃时或出苗后气温达35℃时,及时打开大棚门和小拱棚两端通风或加盖草帘遮阳降温,确保安全出苗。

1. 甘薯育苗的准备工作

为了保证适时育足、育好甘薯苗,必须在事前做好各项准备工作。其主要内容是:确定育苗计划,备足贮好甘薯种和各种所需材料,选好床址。根据种植面积所需薯苗薯量而定,做到种薯数量同所需薯苗量相符合,薯床面积同排薯数量相符合。甘薯用种量要根据栽插期、栽插次数、密度、育苗方法及选用品种来决定。苗床选择背风向阳处,床土更换无病、无毒新土,并配合苗床消毒。备好各种所需生产材料,以免耽误育苗时机。

2. 选种薯、种薯处理及排种薯

"好种出好苗"是我国农民长期生产实践经验的总结。选种是防止烂床,保证薯苗数量、质量的有效措施。选种时应选择具有原品种皮色、肉色、形状等特征明显的纯种,要求皮色鲜艳光滑,次生根少,块大小适中,无病无伤,未受冻害、涝害和机械伤害,生命力强健的薯块。经过窖选、消毒选、上床选三次筛选,选出最好的薯块。

排种前要做到浸种灭菌,具体做法是:用55℃温水浸种10分钟,或用300倍代森铵药液浸泡10分钟,也可用5%多菌灵500～800倍液浸种5分钟。在茎线虫发生地区,应用4%甲基丙磷100～500倍液浸种5分钟。

排种要根据不同地区的气候条件、栽插适期及不同育苗方法适时排种。具体方法是：将种薯分成大、中、小三类，用垫土的方法掌握好上平下不平。排薯的密度也要因薯块大小及不同品种而定，如出苗少、薯块大的种薯，采用平放为好，排好后撒一层肥沃的沙土即可上水，最好是40℃左右的温水，掌握在每平方米25千克为宜。上足水后再撒一层肥沃的沙性土，约0.5厘米，不宜过厚，以防影响出苗，然后盖上一层薄膜，保温保墒。

排种方法和密度：薯块的萌芽数，以顶部最多，中部次之尾部最少。排种时要注意分清头尾，切忌倒排。经过冬季贮藏的薯块，有的品种头尾形状不容易识别清楚，但用肉眼观察其他性状，基本能分清头尾。即一般顶(头)部皮色较深，浆汁多，细根少。尾部皮色浅，细根多，细根基部伸展的方向朝下。

薯块大小差别较大，排种时最好大小分开；为了保证出苗整齐，应当保持上齐下不齐的排种方法。大块的入土深些，小块的浅些，使薯块上面都处在一个水平上，这样出苗整齐。

排放种薯有斜排、平放、直排3种。用火炕或温床育苗，为节约苗床面积，大都采用斜排方式，斜排以头压尾，后排薯顶部压前一排种薯的1/3，不太影响薯块的出苗量，也充分利用了苗床面积。如果压得过多，会加大排种数量，出苗数虽然增加，却使薯苗拥挤，生长细弱不良，降低成活率。平放种薯一般多用在露地育苗，排种时头尾先后相接，左右留些空隙，能使薯苗生长茁壮，出苗也均匀一致。直排种薯虽能经济利用苗床，但种薯排放过密，薯苗纤细，栽后成活率不高，不应提倡。

所谓苗足，是指剔除病弱苗以后，符合壮苗标准的苗量要在短期内满足全部大田栽插所需要的数量。有的地方用少量种薯育苗，每隔几天出一些苗，在一块地上断断续续栽插，这种做法从表面上看节省了苗床面积，减少了用种量，却耽误了农时，推迟了栽插时间，结果是明显减产。要达到适时用一、二茬苗栽完大田，至少每亩用种量不少于 75 千克。

用第一、二茬苗栽完的好处是早茬苗病害少或没有病害，薯苗健壮，成活率高。晚茬苗病害重，素质差。加强晚茬苗的管理，用作饲料发展家庭饲养业，经济效益更好些。排种密度不能过大，从培育壮苗出发，每平方米排种量以 20～25 千克为好。种薯的大小以 150～200 克比较合适。种薯过大，苗质虽好但出苗数少，增加用种量和苗床面积。

3. 苗床管理

(1)保持不同时期的适宜温度。火炕和温床育苗的管理，应以控制温度为重点。育苗期的控温分为 3 个阶段：前期高温催芽；中期平温长苗；后期低温炼苗。

前期高温催芽，从排种到薯芽出土，以催为主。要求适当提高床温，有充足的水分和空气，促使种薯萌芽。种薯排放前，床温应提高到 30℃左右。排种后使床温上升到 35℃，保持 3～4 天，然后降到 32～35℃范周内，最低不要低于 28℃，起到催芽防病作用。没有加温设备的苗床也要采取有效措施，提高床内温度。

中期平温长苗，从薯苗出齐到采苗前 3～4 天，温度适当降低，仍然主攻苗数和生长速度，但不要让苗生长过快。注意适当控温，避免温度过高。前阶段的温度不低于 30℃，以后逐渐降低到 25℃左右。掌握有催有炼，两相结合的原则。

后期低温炼苗接近大田栽苗前 3～4 天，把床温降低到接近大气温度，温床停止加温，昼夜揭开薄膜和其他防寒保温设施，任薯苗在自然气温条件下提高其适应自然的能力，使薯苗

老健。使用露地育苗和采苗圃的地方,只要搞好肥、水管理,不使生长过旺就能育成壮苗。

(2)正确测量温度。既然育苗的不同时期对温度有不同的要求,准确测量温度则十分重要。市场上售的温度计误差较大,购后应到当地气象部门或农技站校正后再用。测温点应分别设在苗床的当中、两边和两头,其中火炕的高温点是回烟口(主火道的出火口)。为了测准温度,应在整个床面多测几个点。从床头到床尾,沿两边和中间,每隔 1 米左右测一点,找出全床的高温点和低温点。如发现温差过大,不要忙于排种,对苗床进行检查,找出原因采取措施补救。温度计要插在床土中间。已经排种的应插在种薯下面的床土中,经过 2～3 分钟稳定后进行观测。测温时间为每天早晨、中午、傍晚各 1 次。火炕苗床烧火前和停火后,都应测量温度。特别是盖薄膜的苗床,包括露地育苗盖膜的在内,在晴天的上午 10 点至下午 2 点之间,要注意测量膜内空间温度变化。因为这个时期是膜内高温期,可能伤苗。测温后,根据全床温度变化,采取相应增温、保温或降温措施。

(3)浇水。根据薯苗生长的需要和床土干湿情况浇水。排种后盖土以前要浇透水,然后盖土,出苗以前看情况可不浇或少浇。出苗以后随着薯苗不断长大和通风晒苗,耗水量增加,适当增加浇水量,等齐苗以后再浇 1 次透水。采过一茬苗后立即浇水。但在炼苗期、采苗前两三天一般以晾晒为主,不需要浇水。掌握高温期水不缺,低温炼苗时水不多,使床土经常保持床面干干湿湿,上干下湿。育苗前期气温低,浇水的时间选在上午,后期气温高改在早晚浇。

酿热温床浇水不同于火炕,以浇透床土为原则,水量要少,次数多些,浇水过多会影响酿热物发热。露地育苗除在排种时浇透水以外，一般不再浇水，以免影响地温，一般是每剪(采)一茬苗浇1次透水。

(4)通风、晾晒。通风、晾晒是培育壮苗的重要条件。薯芽出齐以前，在高温高湿少见阳光的环境里生长，组织脆嫩，经不住风吹日晒，一遇到高温、强光、大风就会发生“干尖”现象。为了保证薯苗不受损伤，在幼苗全部出齐，新叶开始展开以后，选晴暖天气(避开低温天气)的上午10时到下午3时适当打开通气洞或支起苗床两头的薄膜通风，剪苗前3～4天，采取白天晾晒，晚上盖的办法，达到通风、透光炼苗的目的。注意中午强光照晒下，不要揭得太急过猛，以免伤苗。在整个育苗期，都应适当通风供氧，不能封闭过严。

在苗床上盖草或牛、马粪的情况下，薯苗出土以后，要逐步分期分层去草、去粪，并松土，以免幼苗在草、粪掩埋下引起徒长。随着幼苗长大，最后保留一薄层粪、草，有利于保温、保湿、防寒，使幼苗由嫩转壮。

(5)追肥。种薯本身和床土中的养分供应日益减少，为了满足薯苗不断生长的需要，需追肥。追肥的数量、方法、次数和时间要根据育苗的具体情况来决定。火炕和温床育苗，排种密度大，出苗多，应当每剪(采)1次苗结合浇水追1次肥。露地育苗和采苗圃，因生长期较长，需肥量也多，应分次追肥。肥料种类以氮肥为主，如饼肥、氮素化肥或人畜粪尿等。采用直接撒施或对水稀释后浇施的方法，追施化肥要选择苗叶上没有露水的时候，以免化肥粘叶，“烧”毁薯苗。如果叶片上有残留化肥，要及时振落或扫净。如追施尿素，每10平方米一般不超过250克。追肥后立即浇水，迅速发挥肥效。

有些地方在苗床上增加营养土，以补充因采苗次数较多造成的床土缺肥。增加营养土可促进苗基部生根，吸收营养

土的养分,助薯苗生长。营养土用筛过的肥沃土壤加入一些腐熟有机肥,分几次撒在薯苗基部,增加床土的厚度,达 5 厘米为度。

(6)采苗。薯苗长到 25 厘米高度时,要及时采苗,栽到大田(或苗圃),如果长够长度不采,薯苗拥挤,下面的小苗难以正常生长,会减少下一茬出苗数。采苗的方法有剪苗和拔苗两种。剪苗的好处是种薯上没有伤口,减少病害感染传播,不会拔松种薯,损伤须根,利于薯苗生长,还能促进剪苗后的基部生出芽,增加苗量。因此,酿热温床、冷床和露地苗床,都应使用剪苗的方法。火炕床的薯苗密度大,苗也不高,剪苗比较困难,多采用拔苗的方法,种薯伤口增多,要注意苗床防病。

(7)选择壮苗。培育壮苗是育苗的基本要求。壮苗的组织充实,根原粗壮发达,栽后成活快,抗逆性强,产量高。据研究结果指出,一级壮苗的产量比二级苗高 10%以上,三级弱苗减产约 10%,栽后的小株率也显著增多。

壮苗的标准主要是:苗龄 30～35 天,叶片舒展肥厚,大小适中,色泽浓绿,100 株苗重 750～1000 克,苗长 20～25 厘米,茎粗约 5 毫米,苗茎上没有气生根,没有病斑苗株挺拔结实,乳汁多。因此,采苗时不能采取不分好坏有苗就剪的办法。每次采苗量较多,不可能棵棵是壮苗,这就需要在剪后把壮、弱苗分开,分别连片栽插,以便看苗情进行管理。

### (二)大田准备与移栽

1. 选地与起畦

(1)选地。选择无甘薯病害的生茬山坡地或高岗地,土层较厚,排水较好,土质以沙性较大而疏松通气者为好。实行垄作,垄距 70～80 厘米。

(2)整地。前茬作物是水稻可直起畦种植,如是撂荒地,要提前一个月以上整地,将水排干,清除所有杂草,土壤酸性较大要适度施用石灰。

(3)起畦。起畦种植既有利于雨季排水,还有利于有机物质分解,并且能使白天吸热快,提高地温,夜间散热快,昼夜温差大,利于甘薯生长和根系积累养分。好的土地还要结合深耕起畦种植,才能改善土壤的理化性质而获得高产。起畦时应尽量做到畦沟窄深,无"硬心"等;畦距一般 1.1～1.2 米(包括畦沟),高 0.3～0.4 米,并且选用东西走向,以便使甘薯接收到的光照时间更长,也可减轻风害和寒害的影响。起畦时将基肥施于畦底部,应施足基肥。施用量一般为有机质含量≥30%、氮磷钾含量≥4%的商品有机肥 250～300 千克,或加磷肥堆沤的腐熟鸡屎农家肥 400 千克左右,并结合耕地情况,耕地质量较差的应加施(氮∶磷∶钾均为 15)复合肥 15～20 千克(使基肥施用的养分含量约占总施氮量的 30%、总施钾量的 20%和磷肥的 100%)。同时每亩施用 5%辛硫磷颗粒剂 2.0 千克或 15%乐斯本颗粒剂 1.0 千克拌沙 15～20 千克或拌肥均匀施用,防治地下害虫。

2. 栽插

(1)选用顶端壮苗栽植。顶端壮苗茎粗,叶大苗重,生长健壮,具有顶端优势,营养器官发达,抗逆力强,栽后返青快,扎根早,结薯早,膨大快,产量高。试验证明:采用顶端壮苗栽插比温床剪苗或用其他杂苗一般增产 10%。

(2)田间插植。甘薯的栽插:应选用壮苗。适时早插,可充分利用生育期,当 10 厘米深处的土温达到 17～18℃时即可栽插。种植方法宜根据土地的位置、地下水位和种植季节的降雨情况而定。主要方法有:①直栽法。一般采用长 20 厘米

左右的秧苗垂直栽入垄土中。能吸收下层土壤水分和营养物质，提高耐旱、耐瘠能力，栽后成活率高，直插薯梗短，结薯集中，便于机械收获，适宜在干旱丘陵地区采用。②斜栽法。一般采用长 20～25 厘米的秧苗斜栽于垄土中。入土节位多，单株结薯数稍多，靠近地面的节上结薯较大，下部节结薯小甚至不结薯。水肥条件中等的地方比较适用。③平栽法。一般采用长 20～30 厘米的秧苗。栽插时顺垄向开浅沟，把苗平放在沟中，苗梢外露，盖土严实，使入土各节都能生根结薯。宜于水肥条件好的地方使用。

栽插方法对薯苗发根成活、薯块形成与膨大均有直接影响，因此要掌握栽植深度，使薯苗入土各节都处在土质疏松、通气性好、昼夜温差大的土层里生长结薯。长度 20～25 厘米的顶端壮苗一般有 6～8 片叶，栽插时地上留 3～4 片叶，其余 3～4 节插入土内为宜，促进缓苗。为了防止栽插后叶片干枯，栽插时淋足定苗水。栽完后，每亩用乙草胺 0.2～0.3 千克兑水 100 千克，均匀喷洒在垄沟内进行化学除草，生长中后期结合中耕，再除去明草。

(3)合理密植。水肥条件好的地宜稀，差的地宜密；生育期长的宜稀，短的宜密；早栽的宜稀，迟栽的宜密；长蔓品种宜稀，短蔓品种宜密；平插法宜稀，直插、斜插法宜密；插植的密度一般每亩 3000～4000 株较为合理，并参考不同品种的特性、土壤肥力的高低和季节灵活掌握。

## (三)田间管理

### 1. 平衡施肥

平衡施肥应以基肥为主，且以有机肥为主，少施氮肥，增施磷钾肥。基肥每亩可施土杂肥 3～5 立方米，磷酸二铵

20千克，硫酸钾35～40千克，开沟施于垄下；苗肥每亩用磷酸二氢钾于栽植浇窝水后施于株旁；追肥于生长中后期用0.2%的磷酸二氢钾水溶液叶面喷洒2～3次。

2. 栽植时间

春薯可适当晚栽，湖北省大部地区以4月底至5月上旬为宜，过早易感染黑痣病，皮色不艳丽；晚栽略有减产，但商品性提高。夏薯要抢时早栽，否则商品性下降。

3. 适当密植

要生产适合市场需要的适宜大小的薯块，必需合理密植，春薯适当扩充密度，每亩4000株以上；夏薯适当减少密度，每亩3500株左右。要详细了解所选用品种的产量、品质、结薯习性、抗性等特性以便确定种植方式和种植面积，薯块较大的可以适当增加栽插密度；耐湿性稍差的注意防止涝渍。

4. 提高食用甘薯的商品性

结薯习性和薯块外观品质除与品种、病害（病毒）危害等有关系外，土壤特性是直接影响食用品质、进而影响商品价值的重要因素，透气性好的土壤有利于薯块膨大，鲜薯产量高，薯形及薯皮也较好，但食味较淡；壤土地较适合五彩甘薯的种植；旱区瘠薄地不利因素较多，适当土壤改良，特别是增施有机肥料应是关键措施。病虫害不但直接影响产量，而且对商品薯的外观影响也较大，防治病虫害的根本措施应是综合防治，有条件可采用水旱轮作种植，减轻杂草及土传病虫害危害，同时也可使土壤养分重新分配。经多年田间试验，水旱轮作田生产的薯块较旱地光洁整齐，虫害少，商品薯率高；过多的农药防治将严重影响食用品质，不宜提倡。合理密植是解决薯块过大的一项重要措施，根据结薯特性，土壤条件等因素确定种植密度，以求薯块大小及形状达到最佳状态，作为鲜食用的五彩

甘薯每亩栽插密度一般可较正常密度提高500～800株。定穴灌水栽插，保持垄型、密度均匀、成活率高、提高薯块均匀度。合理施肥，建立专用肥厂，测土施肥，适当增施磷钾肥料；注意排涝降渍等均是提高甘薯食用品质的重要措施。

5．增加产值的关键措施

采取分期栽插、保护地栽培、鲜薯贮藏等方法，避开销售期与大面积收获同时进行，以增加产值。规模化生产必须建立保温性能好、容量较大的分间式贮藏库，可按照每立方米贮藏量500千克设计，种薯与食用鲜薯分开贮藏，不同销售期的甘薯分开贮藏，甘薯的适宜保存温度为9～15℃。农村比较方便的方法是利用一般平房在四周及顶部加保温层，根据房子体积确定适当的贮藏量则有利于保持温度恒定。为了减少人为损伤，尽量不要将薯块散存堆放，薯块可用塑料箱或网袋装堆起。有条件可进行高温愈合，杀灭病菌，以方便安全贮藏，减少损失。贮藏后销售一般售价可提高一倍。

分级销售是最简单的提高销售价格的方法：分级的重要依据为薯形、薯重及外观品质，即便仅仅重量的分级就至少可提高30％以上的产值。以往认为重量在100克以下的小薯无销售价值，目前迷你型甘薯单薯重量50～150克，比较适合家用微波炉加工，市场容量也比较大，受到各地市场的认可，每千克市场售价较高。包装销售是提高产品价格的方法：包装箱可由产业协会或联户协商统一印制，纸箱每件重量不超过5千克，塑料袋每袋不超过1.5千克。分级时可分出精品级及普通级，包装及价格适当拉开距离。可设计精美包装箱推出精品级产品。

# 第四节　虫害防治

食用型甘薯的病虫防治主要加强防治地下害虫，以防止薯块出现虫斑而影响产品的商品性。在整个生育过程中，一般提倡以加强田间管理，如中耕除草、开沟排水、抗旱灌水、合理密植、提蔓等措施来控制病虫的发生和蔓延，不用或者控制使用化学药剂防治，如果病虫害较为严重，可以使用生物农药防治，对绿色农产品禁止使用化学农药。主要地下虫害如下：

1. 蝼蛄

俗称拉拉蛄，土狗子等。属直翅目蝼蛄科。蝼蛄以成、若虫咬食刚播下的种子及幼苗嫩茎，把茎秆咬断或扒成乱麻状，使幼苗萎蔫而死。同时，蝼蛄在表土活动时，造成纵横隧道，使幼苗与土壤分离而死亡。防治方法：利用趋性诱杀，春季的傍晚在蝼蛄发生区利用电灯或堆火、糖醋液等引诱杀之；用米糠、麦麸、玉米粉、菜籽饼等 15～25 千克拌林丹粉撒于田间地头；用 50％辛硫磷乳油 150～200 克拌 15～20 千克细土作垄时撒施。

2. 蛴螬

俗称土蚕，是金龟子幼虫的总称，金龟子又称黑盖子虫，铜克朗等。土壤湿度对蛴螬活动关系密切，土壤黏重的发生相对较重，靠近树林的田块产卵多，受害也重。金龟子类趋光性较强，并有假死性，有利于灯光诱杀。蛴螬幼虫和成虫均可危害甘薯，以幼虫危害时间最长。金龟子危害甘薯的地上部幼嫩茎叶，蛴螬则危害地下部的块根和纤维根，造成缺株断垄，薯块形成伤口，病菌易乘虚而入，加重田间和贮藏腐烂率。防治方法：诱杀，利用黑光灯在金龟子盛发前诱杀；撒施毒谷，

造垄翻地前每亩用辛硫磷乳剂150～200克拌米糠、麦麸等毒谷5～6千克撒施，并随即翻入垄内土中；药剂浸苗，40%乐果乳剂1000～1200倍液浸苗1分钟；撒毒肥，每亩用40%乐果乳剂100克加水2.5～5千克，掺入有机肥中拌成毒肥作基肥施入地中。

3. 金针虫

俗称铁丝虫、金齿虫，是叩头虫科幼虫的总称。除危害甘薯外，还危害棉花、豆类及小麦、玉米等禾谷类作物。防治方法：①用50%辛硫磷乳油或40%甲基异柳磷乳剂100倍液浸10分钟；5%涕灭威颗粒剂每亩用2～3千克，薯苗移栽时施入穴内，该药田间有效期50～60天，可有效防治茎线虫病的发生，并兼治其他虫害。也可每亩用3%甲基异柳磷颗粒剂3～4千克，拌适量土施入穴内。②用3%呋喃丹颗粒剂2千克，或50%辛硫磷0.2～0.3千克，拌细土15～20千克，起垄时撒入埂心或栽种时施入窝中。

4. 地老虎

此虫属鳞翅目夜蛾科，幼虫俗称土蚕、地蚕、切根虫。杂食性强，除危害甘薯外，对棉花、玉米、高粱、烟草等都有严重危害。地老虎一年发生数代，第一代幼虫严重危害春播作物幼苗。成虫昼伏夜出，有趋光性、迁飞习性、趋化性。卵散产，每头雌虫产卵800～1000粒，卵期7～13天。初孵幼虫取食心叶，3龄后晚上咬断嫩茎，若是其他作物幼小苗时，可拉进洞里食用。土壤湿度大危害严重，低洼地，沿河灌区，田间荫蔽、杂草丛生的地块发病重。防治方法：①除草灭虫。于4月中旬产卵期除净杂草，减少产卵场所和幼虫食料来源。②药剂防治。栽种时结合防治甘薯茎线虫病，用40%甲基异柳磷200倍液浸苗基部10分钟，或用3000倍液灌窝，或每亩用涕灭威颗粒剂穴施。可兼治线虫病和地老虎、蛴螬等；在二龄期喷打90%敌百虫粉800～1000倍液，或用50%辛硫磷0.3千克兑水2千克，拌干细土20千克，均匀撒于薯苗周围；也可用毒草诱杀。地老虎3龄后，如果危害严重，用铡碎的鲜草拌90%敌百虫800倍液，每亩25～40千克，于傍晚撒在薯垄上毒杀。③泡桐叶诱杀，人工捕捉。每亩放泡桐叶70～90片，放叶后每日清晨翻叶捕捉幼虫，一次放叶效果可保持4～5天。也可于清晨在被害植株附近土中捕捉。

5. 蟋蟀

此虫属直翅目蟋蟀科，其种类繁多，食性复杂，对甘薯、大豆危害最重。该虫1年发生1代，以卵在土内越冬，4月卵开始孵化。若虫和成虫均可造成危害。此虫穴居，晚上20～23时出来活动，咬食甘薯根茎，造成薯苗萎蔫枯死，缺株断垄。防治方法：用90%敌百虫800倍液，拌入铡碎的鲜草中，于傍晚撒于薯垄上，或每亩用林丹粉2～2.5千克，掺10千克麦糠均匀撒入薯田。

## 第五节　收获与贮藏

### （一）收获

食用甘薯应根据需要提前陆续收获上市。商品薯一般在8月下旬可以收获，到11月初结束。收获时应选择晴天上午收刨，经过田间晾晒，当天下午入窖。做到轻刨、轻装、轻运、轻卸，要用塑料周转箱或条筐装运，防止破伤。在田间要求按品种和大小分级装箱，轻挑轻放，尽量避免碰伤破皮，影响薯块商品性，减少损失。如作种薯，则要求在霜降到来之前收获

并及时入室储存。

### (二)贮藏

贮藏前,贮藏窖要清扫消毒,用点燃硫黄熏蒸或喷洒多菌灵的方法杀灭病菌。要严格剔除带病、破伤、受水浸、受冻害的薯块,用多菌灵或甘薯保鲜剂浸后贮藏。在茎线虫病、黑斑病发病较严重地块生产的甘薯,即使经过挑选也难免继续发病,贮藏这种地块的甘薯要安全贮藏,均匀上市增值。甘薯的适时收获期在10月上中旬早霜到来之前。入窖之后要及时降温到14℃,安全储藏温度10～15℃,最适温度12～13℃。湿度应保持85％～90％,不要装窖太满,留1/3空间通风换气。经常检查调节温湿度。有条件的可用保鲜剂处理商品薯,用杀菌剂处理种薯。

# 第六章　菜用型甘薯高产栽培技术

## 第一节　菜用型甘薯定义与主要用途

菜用型甘薯是指以薯叶、叶柄、嫩梢作为日常蔬菜食用的新型专用甘薯品种，菜用甘薯叶、柄、梢宜炒食，味甘、质滑、可口，营养丰富。将其与常见的蔬菜比较，矿物质与胡萝卜素的含量均属上乘，称其为“蔬菜皇后”。经测定表明，每100克鲜甘薯叶含蛋白质2.28克、脂肪0.2克、糖4.1克、矿物质钾16毫克、铁2.3毫克、磷34毫克、胡萝卜素6.42毫克、维生素C 0.32毫克。将其与常见的蔬菜比较，矿物质与胡萝卜素的含量均属上乘，胡萝卜素含量甚至高过胡萝卜。因此，亚洲蔬菜研究中心已将甘薯叶列为高营养蔬菜品种，称其为“蔬菜皇后”。同时，研究还发现，甘薯叶有提高免疫力、止血、降糖、解毒、防治夜盲症等保健功能。经常食用有预防便秘、保护视力的作用，还能保持皮肤细腻、延缓衰老。

关于菜用型甘薯的研究起始于日本、韩国等国，日本近年推出的茎尖用甘薯品种有关东109、翠王、农林48等。我国台湾地区很早就进行了菜用型甘薯的品种选育，从较早的台农2号、台农68，到现在大面积推广的台农71（福建称为“富国菜”），尤其是台农71现已在大陆许多地区种植。大陆地区菜用型甘薯新品种选育起步较晚，在20世纪80年代后期开始对一些已育成的品种进行叶菜用的甘薯筛选，选育出叶、薯

两用品种:鲁薯7号、北京553、莆薯53等。90年代,福建省经过十余年的努力,成功地选育出了全国第一个通过省级审定的叶菜专用型甘薯新品种福薯7-6,并于2005年通过国家鉴定,这是目前国内选育出最好的菜用型甘薯品种之一,并于去年作为国家区域试验对照品种使用。近几年来,正在进行国家区域试验的材料越来越多,主要有福建、广东、安徽等地的莆薯53、福薯10、福薯11号、广薯菜1号、广薯菜2号、阜菜薯1号等。

菜用型甘薯作为蔬菜作物具有众多的优势:①具有营养保健功能。②适应区域广泛,对栽培条件要求不高。③耐热,可作为夏季度淡蔬菜产品。④种植效益高。⑤利用保护地设施可进行周年生产。⑥抗病,少虫。正是由于菜用型甘薯具有以上众多优势,使得菜用甘薯越来越多地得到认可。

虽然菜用型甘薯有很多其他蔬菜不具备的优势,但也存在以下问题:①不耐贮运,贮藏期短,消费者的消费习惯有待进一步培养。②推广力度不够,市场份额较小。③大陆品种综合性状与日本、我国台湾地区还有差距。④品种选育指标及栽培、采收标准还有待进一步统一和完善。

## 第二节 菜用型甘薯新品种介绍

1. 鄂菜薯1号

长江中下游地区推广的甘薯主栽品种,茎叶鲜嫩、有香味、口感润滑、无茸毛,适应性强,茎尖产量高,2007年、2008年开始在江夏等地试种,试种中表现产量高,口感好。其中2007年于5月5号移栽,6月5号开始采收上市,至10月30号结束,共采收12次。单次采摘薯尖产量375.7千克/亩。经过多年多点试验和试种，均表现高产、优质、高效、生态、安全。

2. 翠绿

该品种是江苏省农科院粮作所培育的新品系。该品系具有多种用途，一年四季均可栽，夏秋季节可露地栽培；冬春季节可采用大棚栽培。若单作菜用，宜平畦种植，每亩栽插密度2万株左右；而作薯菜兼用，宜做垄栽培，每亩栽插密度5000株左右。翠绿茎叶生长速度快，每隔10～15天可采摘茎尖一次，每次采摘后及时补充肥水，可获得高产，在生长期内每亩可采收茎尖2000～3000千克。另外，每亩还可收获薯块2000～2500千克。

3. 湘菜薯1号

该品种品质较好，具有适应性强、抗逆性强、综合性状较好的特点。薯块萌芽性较好，出苗数、采苗量多。生产上一般在薯苗栽插成活后40天开始采摘茎尖，全年采摘10次。其生长不择土壤，只要土壤较为疏松肥沃，生长期内光照充足便可，凡无霜地区和无霜期内均可露地种植，但是在气温15℃以下时生长极缓，以气温在25～35℃时生长最好，故宜于夏栽。

4. 浙薯78

浙薯78为浙江省农科院新育成的特早熟迷你型菜用甘薯新品种，该品种红皮红肉，圆形或短纺锤形，表皮光滑，无纵沟和裂纹，单薯重50～250克，500克以上的大薯很少。鲜薯干率26%～28%，还原糖含量4%～5%，鲜薯甜度不受气温影响，夏季高温时期收获蒸煮食用，口味甜、粉，秋季收获口味甜、软。一般100天生育期每亩鲜薯产量1500～2000千克，高产田块可达2500千克以上，50～250克迷你型商品薯率占70%左右，生育期延长后鲜薯产量会适当提高，但迷你型薯比率会下降；120天以上生育期的鲜薯增产幅度降低，且食用品

质也有所下降。商品薯贮藏性好，抗贮藏期黑斑病强，特别在高温季节收获的薯块几乎不发病，货架寿命长。该品种不宜在薯瘟疫区和小象甲危害严重的地区种植。

5. 尚志12

江苏徐州甘薯研究中心收集。薯块纺锤形、紫红皮、黄肉，地上部生长旺盛，茎尖产量高，茎尖嫩叶绿色，茎尖无茸毛，粗纤维含量少，茎尖熟化后仍保持绿色，无苦涩味，适口性好，适宜作菜用。宜在城郊种植，以采摘茎尖供应市场。

6. 福薯7-6

福薯7-6是由福建省农科院作物所选育的一个菜用型甘薯品种。2003年1月通过福建省农作物品种审定委员会审定，2005年通过国家鉴定。福薯7-6的叶片心脏形，顶叶、叶脉及叶柄均为绿色。短蔓，茎绿色，基部淡紫色，株型半直立。单株结薯3个左右，薯形纺锤形，粉红皮橘黄肉，结薯习性好。薯块萌芽性好。茎叶维生素C含量14.87毫克/千克，粗蛋白含量达30.80%，粗脂肪含量达5.60%，粗纤维14.20%，水溶性总糖0.06%。茎叶食味优。抗疮痂病，不抗蔓割病。经国家甘薯品种鉴定委员会建议适宜在北京、河南、湖北、江苏、四川、广东和广西等地区作叶菜用型品种种植。

7. 莆薯53

莆薯53，其株型、叶形、颜色及长势极像空心菜，茎尖色香味俱佳。顶叶、叶及叶脉均为绿色，叶形深裂复缺刻，茎绿色，精短茸毛少，短蔓半直立，基部分支多，茎尖柔嫩。薯皮粉红色，肉淡黄色。薯块纺锤形。萌芽性好，出苗早而多，生长势强，后期不早衰。单株结薯块3～4个，上薯率高，薯块烘干率21.60%。具有耐旱、耐盐碱、耐短时间水渍、适应性广等优点。

8. 泉薯830

泉薯830系福建省泉州市农业科学研究所1997年秋季用龙薯34为母本、泉薯95为父本杂交而成。泉薯830分枝性较强，茎叶翠绿且生长旺盛，1999年开始加强其蔬菜利用的综合性状鉴定，至2001年经连续三年比较试验，泉薯830的茎叶产量和食用品质等性状均优于福薯7-6和富国菜等品种，适宜作为蔬菜采食。

其叶片尖心形带齿，顶叶、嫩叶、叶柄、叶脉均为绿色，茸毛极少。地上部生长旺盛，单株分枝8～12条，结薯4～6个，薯块长纺锤形，淡黄皮黄红肉，薯块产量高。基部分枝多，叶片多且肥厚，外观长势像蕹菜，可作蔬菜上市的产品(嫩叶片带叶柄)产量约2000千克/亩，其余可作为青饲料利用。采摘后生长还苗快，一般约25天可采收一批。脆嫩、纤维少、香滑爽口，食用品质佳。

9. 食20

福建省龙岩市农业科学研究所选育。薯块下膨纺锤形，有条沟，红皮，淡红色肉。结薯较早，茎叶生长快，再生能力强，茎尖颜色翠绿，无苦涩味，适口性好，适于菜用。

10. 台农71

台湾地区菜用型甘薯的主栽品种，茎叶绿色，无茸毛，叶柄短，茎尖突出，分枝能力强，株形半直立，顶芽外露，易于采摘，喜好肥水及高温，薯皮白色，薯块产量低。通常采集约10厘米长茎尖作菜用，可循环采摘，食味优于木耳菜及空心菜，口感糯，风味清香，适宜在城市郊区作为稀特蔬菜种植。

11. 鄂薯10

鄂薯10是湖北省农科院粮作所，以福薯18为母本，通过放任授粉杂交选育而成的菜用型甘薯品种。2013年3月通过

国家甘薯品种审定委员会鉴定。叶色绿色,顶叶心形,顶叶色绿色,茎色绿色,叶脉绿色,茎叶光滑无茸毛。萌芽性好,出苗齐,大田生长势较强。薯形长纺锤形,薯皮淡红色,烫后颜色为翠绿至绿色,有香味,无苦味,有滑腻感。2010 年参加国家区域试验,平均茎尖产量 1919.38 千克/亩,比对照增产 2%,居参试品种第二位,综合评分为 3.67 分,高于对照。2011 年续试,平均茎尖产量 2050.38 千克/亩,比对照增产 3.66%。2012 年参加国家生产试验,茎尖产量 2786.39 千克/亩,比对照平均增产 44.93%,居第一位。抗茎线虫病和蔓割病。

12. 鄂菜薯 2 号

鄂菜薯 2 号是湖北省农科院粮作所以 AIS0122-2 为母本,通过放任授粉集团杂交选育而成的菜用型甘薯品种。2015 年 3 月通过国家甘薯品种审定委员会鉴定。产量水平:2012 年参加第一次国家区域试验,平均茎尖亩产 1915.53 千克,较对照减产 2.14%,不显著。2013 年参加国家区域试验,在 10 试点平均茎尖产量为 2294.49 千克/亩,比对照平均减产 3.57%。2014 年参加国家生产试验,在济南、漯河、徐州和儋州 4 个点收获茎尖产量平均为 1920.54 千克/亩,比对照增产 16.50%。特征特性:菜用型品种。萌芽性好。半直立型,分枝数类型“中”。叶片尖心形,顶叶绿色,成年叶绿色,叶脉绿色,茎蔓绿色。薯形纺锤形,淡黄皮黄肉,结薯集中。茎尖无茸毛,烫后颜色为翠绿色,无苦涩味,有滑腻感。食味鉴定综合评分 75.54 分,高于对照。高抗蔓割病,中抗根腐病,病毒病、食叶害虫、白粉虱和疮痂病危害轻,高感茎线虫病。

# 第三节　菜用型甘薯高产栽培技术

## (一)菜用型甘薯的常规栽培技术

1. 育苗

育苗是甘薯栽培种植的基础环节,多产苗、产壮苗,才能满足生产上的需求,这一点对食茎叶为主的菜用型甘薯尤为重要。

采用老蔓越冬育苗法来培育甘薯幼苗。具体做法是:秋天在种植藤薯的田块中,选择健壮的甘薯植株,定植或假植越冬,11 月中旬,气温降低,光照变弱,甘薯茎尖生长速度变慢,相应的生长周期和收获周期延长,茎尖纤维化程度增加,适口性变差,应停止采摘,修整植株,以备越冬,生长期较长的老壮苗,抗寒性较强。此时剪取 15 厘米左右薯藤,每段留 3 个节左右,插入土 2 节,株行 10 厘米×10 厘米,插后浇水盖膜,保温促长,25～30 天根系发育好,随着气温的不断下降,在大棚间架设小棚,以薄膜和草帘覆盖保温。晴天需掀开薄膜和草帘透气,接受光照,阴雨天则无需打开。翌年春天勤施氮肥。此种育苗方法特别适合于茎尖菜用型甘薯使用,一可节约种薯,降低生产成本;二是因其出苗较早,从而采苗也较早,可适当提早大田移栽期,相对延长甘薯的大田生长期,使茎叶生长迅速旺盛,可增加茎尖的采摘次数与产量。

翌年春天选用土壤结构好、肥力水平高、土地平整、排灌方便、2～3 年内没种甘薯的田块,精细耕整,做到土层细碎松泡,干湿适度。施足基肥,以有机肥为主,配合适量化肥。每亩施猪粪 3000 千克以上、磷酸二铵 100 千克,整地做畦,畦宽

视大棚宽度而定，一般宽1.5米，以便于管理和采摘。老苗新生分枝有7～8片叶时剪苗移栽在大棚内，栽插时留3～4片叶。适当加大栽插密度，行距15～20厘米、株距5～10厘米，每亩栽3.5万～4.5万株。勤施氮肥。

2.大田准备与移栽

宜选择土层深厚、肥沃的向阳地块，土壤、水源必须无污染且远离污染源2千米以上。深耕土壤，活化土层，疏松熟化土壤，改善土壤的透气性，增强土壤养分的分解，促进土壤肥力的提高，增加土壤蓄水能力，一般深耕深度在26～33厘米。翻耙时，应施无污染腐熟厩肥2500～3000千克/亩，或浇施腐熟粪3000～4000千克/亩，生石灰50～70千克/亩，过磷酸钙40～50千克/亩，耕耙2～3次后按需整成畦备用。整畦规格为畦宽90厘米，沟宽20厘米。平畦采用专用种植株行20厘米×15厘米，每亩种植2万株左右。种植时要保证2～3个节位入土，要压紧苗根部土壤，使土层上实下松，这样既可使入土节位与土壤充分抱合，又保证薯苗透气良好，有利于薯苗早生快发。夏季高温季节种植后要注意及时浇水保苗。采用大棚种植中午日照强时，棚内温度较高，要注意及时开窗通气，以防烧苗。

3.大田管理

为了保证薯叶的鲜嫩度，种植过程中要注意勤浇水保持较高的湿度，重施有机肥、多施薄施速效化肥，结合中耕除草，在稀薄人粪尿中加人尿素浇施。薯苗扦插成活后打顶促进分枝。春、夏季种植要注意及时采摘和浇水保湿，秋、冬季种植后期要盖膜保温。每次采摘后要适当浇水保湿并薄施速效氮、钾肥，但要注意避免使用过多的氮素化肥，以降低硝酸盐积累和减轻环境污染。栽后一周及时查苗补缺。另外保持高温多湿环境，以利于茎叶生长。

栽插后15天至封垄前，一般进行1～2次中耕培土，中耕深度一般第一次宜深，以后深度渐浅，垄面宜浅，垄腰宜深，垄脚则要锄松实土，即所谓“上浅腰深脚破土”。在生长期间，要及时拔除杂草和进行病虫害防治。如遇干旱，则要灌水抗旱。每次茎尖采摘后应加强田间管理工作，采摘当天不宜马上浇水施肥，以利植株伤口愈合及防止病菌从伤口侵染植株。采用摘心技术，促进分枝发生，通过摘心，能有效控制蔓长，促进分枝发生，并使株型疏散，改善植株群体受光条件，增强群体光合效能。具体做法为：在薯苗移栽成活后15天左右，摘去植株顶心，促进地上部三节发芽分枝，待三芽长出三叶时，进行第二次摘心，促生9个分枝。待9个分枝长节时再摘心，这样每株先后共长出27个分枝，待每个分枝茎尖长到12厘米左右时，便可采摘上市，植株封行时分批采摘，每蔓留1～2节，以促生新分枝，采摘后浇足水，促进快发。采摘标准为嫩茎蔓长15厘米以内，采摘时注意每条分枝保留1～2个节及1片以上的完全叶，这样可以通过腋芽生长实现多次分枝，以实现高产和多批次收获。此后凡达到适当长度的茎尖均可采收，大约7～10天就可以收获一批，一般可收获10批左右。全生长期鲜嫩茎叶产量可达2500千克。采摘宜在早晨日出前进行，一方面可保证当日供应新鲜薯苗，另一方面茎尖生长主要在夜间，此时茎尖收获较脆嫩。11月中旬气温降低时停止采摘，修整植株越冬。随着气温不断下降，需在大棚内架设小棚，加盖草帘保温。

### （二）菜用型甘薯的立体栽培技术

近年来，随着我省农业产业结构调整步伐的加快，在我地

区推广了一种新的蔬菜立体套种种植模式，即在蔬菜大棚内采用菜与瓜立体套种种植模式。春季棚内种植蔬菜，秋季棚顶结苦瓜，实现了一年一种两收，经济效益十分显著。一个占地 1 亩的棚年产值达 3 万元左右，比单种两季蔬菜每亩增值 1 万余元，而且在利用土地的同时，通过该模式可有效改善土壤结构、培肥土壤，使棚内各个空间得到充分利用，提高了土地的复种指数，大大增加了温室单位面积上的产出率。原来，夏季高温多雨、病虫害多，多数棚只好“歇伏”，而苦瓜等藤本瓜类和菜用型甘薯从立春定植，到清明下瓜，采食甘薯叶片，苦瓜可以一直结瓜到 9 月下旬，而菜用型甘薯叶片可以采摘到 11 月上中旬，使 6、7、8 月份日光温室闲置期得到充分利用，并丰富了淡季的蔬菜市场，淡季不淡。这种立体种植模式能够充分发挥温室大棚的设施条件优势，可以取得很好的经济效益和社会效益，具有十分广阔的应用发展前景，以下以苦瓜为主要间套作物，介绍菜用型甘薯立体间套栽培技术。

1. 品种选择

(1)苦瓜。选择具有耐寒又耐温、适应性广、耐弱光、瓜条长、长势好、产量高、品质好的品种。如大顶苦瓜、滑身苦瓜、长绿苦瓜、滨城苦瓜等。

(2)菜用型甘薯。选择茎叶再生力较强、茎尖丰产性较好、粗壮、光滑无茸毛、肉质嫩滑且味儿甜、植株生长强旺、萌芽率高、耐高温干旱、品质好的品种。如福薯 7-6、鄂菜薯 1 号、翠绿、莆薯 53、台农 71、鲁薯 7 号、食 20、鲁薯 3 号等品种可供选用。这些品种生长势强，地上部茎叶产量较高，茎叶产量 2000 千克/亩左右，薯块产量 2000 千克/亩左右，且品质较好，适应性强、抗逆性强、综合性状较好，是茎尖菜用甘薯的首选品种。

2. 育苗

苦瓜育苗：种植苦瓜，“小雪”节前后大棚内催芽育苗，翌年 4 月下旬将育成的瓜苗移植在大棚的四周内侧，每亩棚栽 260 株左右，当苦瓜蔓爬上大棚架面时，将大棚的塑料薄膜撤掉。

菜用型甘薯育苗：选择无病虫危害完好的薯块适时育苗。选择地势高燥，无病虫危害，土层深厚的田块作为苗地，于春节前后下种，下种前 1 天起畦做苗地，规格为畦面宽 100 厘米，沟宽 20 厘米。将薯块排放于苗床中，条距 20 厘米。下种后盖上 5 厘米左右的细土，并浇水保湿，最后盖上地膜。当地温高于 15℃时，薯块开始萌动。当薯苗长至 10 厘米，气温稳定在 15℃时，应及时揭去地膜以防烧苗，下种后约 30 天，当苗长至 25 厘米左右时，移苗进行大田种植或继续假植扩繁。或者选择健壮的定植或假植越冬的甘薯植株，3 月下旬至 4 月上中旬剪取茎段，栽插育苗。

3. 大田准备与移栽

苦瓜与菜用型甘薯套种，苦瓜的种植密度不宜过大，这与苦瓜的分枝力大、生长势及地力水平密切相关。密度过大，前期由于广遮阴对菜用型甘薯生长影响较大，过小则前期苦瓜产量小，减少收成。根据试验经验，苦瓜种植规格有：0.5 米×(0.3～0.35)米、0.6 米×(0.35～0.4)米、0.35 米×(0.4～0.45)米，但最好的是 0.6 米×(0.35～0.4)米，栽苦瓜 250～350 株/亩。

种植菜用型甘薯的土壤经翻晒、精耕细作后，整成平畦，为便于田管和采收，适宜畦高 15～20 厘米，畦宽 100 厘米，行距 18～20 厘米，每行定植 6 株。采用垂直扦插，苗入土 2～3 节，插后浇透水分。随后进行打顶。以掌握露地 2 个节、保留2 片

绿叶为原则，使之不蹲苗，快长根，早萌腋芽。

4. 大田管理

（1）菜用型甘薯管理。定植田做畦后，每亩畦面撒施有机生物菌肥 50～75 千克作基肥。当小苗定植成活后 5～7 天，逐渐形成健全根系，节间腋芽开始萌发，此时应及时轻施提苗肥，促发健壮腋芽。随着地下部根系群日益完善，地上部腋芽不断伸长，叶片数日渐增加，植株逐渐进入生长旺盛期，对水肥需求日趋增大，此时应勤施催苗肥。每隔 4～5 天薄施腐熟有机肥或每亩施叶菜类氮、钾复混专用肥 15 千克，在收获前 5～7天应停止施肥以待采收。为促进叶梢粗壮肥嫩，本阶段田间应保持湿润，运用水肥促控技术，调节茎叶生长速度，注意预防干旱导致茎叶木质老化，影响产量和品质。

（2）苦瓜管理。吊蔓与搭棚架，吊蔓采用尼龙塑膜，这种方法优于竹竿支架法，便于操作，以尼龙塑膜作索引，绑蔓上爬。棚膜下用细铁丝分别在东西、南北方向搭二层棚架，并在上面搭少量竹竿，可以引藤横向爬蔓。日光温室栽培苦瓜，整蔓尤其重要。首先保持主茎粗壮旺盛生长，主茎上 0.6～1.5 米以下的侧蔓全部去掉。苦瓜在棚内的南北向留主茎高度也不一样，北端留高限 1.5～1.8 米，南端留底根 0.6 米。当主蔓长到一定高度后，留 2～3 个健壮蔓与主茎一起接引上棚架，其他再生侧枝，有瓜即留枝，并当节打顶，无瓜则从基部剪除。各级分枝上现 2 朵雌花时，可留第 2 雌花，第 2 雌花一般比第 1 雌花的瓜质量好。采收和后期管理：前期因气温低，一般坐瓜 10～15 天摘，后期生长快，5～6 天即可长成采收。

5. 管理关键要点

（1）苦瓜秧蔓量大，要及时整理使其在棚面分布均匀，以促进直射光进入棚内，改变菜用型甘薯生长不同阶段对光线的要求。

(2)栽培菜用甘薯时必须离开苦瓜植株2米以外做畦,以防损伤根系。

(3)大棚架必须牢固,以免被苦瓜蔓压倒。

## (三)病虫防治

叶菜型甘薯茎叶脆嫩,易招虫害,主要的害虫有卷叶虫、斜纹夜蛾、甘薯天蛾、菜青虫等。叶菜型甘薯比较其他叶菜类蔬菜虫害较轻,虫体较大,根据这种特点,生产中要尽量少用农药,要早发现,早防治,力争在害虫的低龄期用低毒、低残留生物农药百虫清等防治,用人工灭虫既可以有效地降低虫口密度、降低用药成本,还可实现栽培的无公害化,使用农药注意在采收前15天停止施药。茎尖采摘后应及时进行中耕、除草、松土。特别要及时防治甘薯瘟病、甘薯疮痂病、甘薯蔓割病等病害。另外,大棚四周下部1米可用防虫纱网围起,以防止害虫进入危害。可用天霸、菜喜、苏云金杆菌、氯氰菊酯等高效、低毒、低残留生物杀虫剂防治。

苦瓜栽培病害主要有枯萎病、蔓枯病、霜霉病、炭疽病、疫病和白粉病等,虫害主要有瓜实蝇、瓜蚜、瓜绢螟。通常采用物理防治与化学防治相结合的办法进行综合治理。

## (四)收获

为了保证次年用种的需要,可种植薯块留种地,种植方式与当地甘薯种植方式相同。一般在10月下旬至11月初收挖地下薯块。若要获得较多的薯块,应减少采摘茎尖次数,并在收获前40天停止采摘茎尖和灌水。收获要选晴天进行,薯块收获时要去杂去劣,提纯选优。要深挖轻放,减少

薯皮的损伤。薯块贮藏期间应注意通气、保温，冬季要保持窖温在10～15℃。贮藏过程中注意防潮防病，及时去除病薯、烂薯。

菜用型甘薯将在完善和统一现有育种技术经济指标的基础上，将育种目标和方向定为：①营养保健。对蛋白质、维生素C、多酚和黄酮等营养保健成分的含量进行定向培育。②优质。外观品质方面要求无蜡质层、无茸毛、头部直立等，食用品质方面要有色香味、无苦涩味等。③高产。在选择食用茎尖的同时，增加选择食用叶柄和藤蔓等部分，从而增加产量。④抗病虫害。主要是增强抗虫性，如抗菜青虫、卷叶螟等。

在栽培方面要达到：①病虫害的无公害防治，以农业防治为基础，优先采用生物防治，协调利用物理防治，科学合理地利用化学防治；②制定出一套标准化栽培技术，如育苗、施肥、栽培密度和采收间隔时间等；③设施周年生产栽培，夏天高温遮阴促成栽培，冬季多层覆盖保护地栽培；④产品的采收要实现半机械化、机械化。

# 第七章　紫色甘薯高产栽培技术

## 第一节　紫色甘薯的来源与主要用途

薯肉的颜色呈现多种色彩。如含有胡萝卜素的薯块呈现橘红色,而含有花青素的品种则呈现紫色。紫色甘薯又叫黑薯,薯肉呈紫色至深紫色,其主要成分是花青素。甘薯花青素的主要成分是 Peonidin 及 Cyanidin,与紫葡萄皮的色素组分相似。花青素易溶于极性溶剂如水溶液与酒精中,在酸性条件下呈现红色,而在碱性条件下呈现蓝色。可用于食品及化妆品着色。在过去,人工合成色素因其廉价与性质稳定而备受青睐。近年来,越来越多的人工合成品被证明有害健康,一些发达国家限制合成食用色素的使用。鉴于此,人们试图从植物与动物体中提取天然食用色素。结果,草莓、紫葡萄皮、红甘蓝、紫玉米种等含色素植物产品成为重要的生产原料。近十几年来,徐州甘薯研究中心从国外引进了大批的甘薯种质资源,其中一些含有丰富的花青素。分析发现含量最高可达 800ppm,每千克鲜薯提取物可供约 100 千克饮料着色,含花青素甘薯是一个值得开发的资源,其色素丰富度在自然界首屈一指。

紫薯营养丰富,具有特殊保健功能,它含有 20%左右的蛋白质,包括 18 种易被人体消化和吸收的氨基酸,富含维生素 A、B、C 和磷、铁等 10 多种矿物元素。已有研究表明,紫心甘

薯具有极强的抗氧化作用，能去除体内的活性氧，紫心甘薯还能降低血清中的转氨酶，对高血压等心血管疾病及肿瘤也有很好的预防作用，薯纤维素含量高，这类物质可增加粪便体积，促进肠胃蠕动，清理肠腔内滞留的黏液、积气和腐败物，排出粪便中的有毒物质和致癌物质，保持大便畅通，改善消化道环境，防止胃肠道疾病的发生。紫薯中锌、铁、铜、锰、钙、硒均为天然，并且铁、钙含量特高。而硒和铁是人体抗疲劳、抗衰老、补血的必要元素，具有良好的保健功能，硒又是"抗癌大王"，易被人体吸收，有效地留在血清中，修补心肌，增强机体免疫力，清除体内产生癌症的自由基，抑制癌细胞中 DNA 的合成和癌细胞的分裂与生长，预防胃癌、肝癌等疾病的发生。

甘薯本身不含任何有害健康的物质，色素在提取过程中没有发生化学反应，所用提取剂除食用酒精外均不进入最终产品。所得到的产品分子结构与其天然状态的相同。甘薯块根中的花青素含量可达到 800ppm，食用后无任何不良影响。所提取的色素用于食品着色时，色素含量一般为 8～20ppm，浓度远低于天然产品。根据 FAO/WHO 食品添加剂联合专家委员会规定，凡从已知食物中分离出来的、化学结构上无变化的色素应用于食品浓度为原来食物中的正常浓度，产品可不需要毒理试验。由此可知，甘薯花青素产品在应用上是安全可靠的。

随着经济发展，人们对食品色、香、味的高要求以及绿色消费的盛行和推崇，从植物中提取天然色素作为着色剂已成为一大研究热点。其主要原因是天然色素直接来源于动植物和微生物，不仅仅是食品、药品、化妆品等的着色剂，而且自身还含有多种营养成分，有的对某些疾病还有治疗作用，对人体有保健功能。花青素是一种从紫甘薯的块根和茎叶中浸提出来的天然红色素，色泽鲜亮自然，无毒，无特殊气味，具有多种营养、药理和保健功能，是一种理想的天然食用色素资源。其色素分子是酰基化的色素分子，有资料报道酰基化的色素分子可以使色素的稳定性提高，所以其稳定性较强，应用前景广泛，其耐热性好，能够经受食品工业上的巴氏法消毒，可以溶于醇和水溶液，因此主要用作食品的红色至紫红色着色剂而添加到冰淇淋、奶制品饮料、奶酪、水产品、果汁饮料、果冻、谷物、果酒、花色奶等食品生产中。因属于天然无毒制品，故用量未作限量性规定，以满足所需要的着色度为限。其稀酸液为鲜艳透亮的深红色，且产品中无甘蓝红色素和胡萝卜素产品中难以除尽的异味。当前，服用天然植物提取物作为调节身体健康的补充剂已成为时尚。紫甘薯红色素有抗氧化、抗肿瘤等生理作用，因此可以作为保健食品的功能配料来使用。

另外紫色甘薯中的花青素还可应用于医药与化妆品行业。在生产中有时由于某种原因，需要添加人工色素，使得药品更加容易识别和区分。常用的医用药片着色剂有芥菜红、胭脂红、靛蓝等。但这些均为合成色素，对人体有一定的危害，长期服用，必定产生一定的副作用。因此，可以使用天然紫甘薯红色素来代替合成色素生产有色药片。另外，由于面部皮肤受环境影响较大，又处于血液循环末端，营养供应不足，因而是人体最先老化的组织。造成皮肤老化、弹性下降以及干燥的主要原因是自由基及过量蛋白酶、弹性酶、透明质酸酶攻击或分解生物分子，使皮肤的支撑能力、保水能力大大下降。由于紫甘薯红色素高，具有很强的抗氧化、清除自由基能力等作用，因此含紫甘薯红色素的护肤品可抑制由于紫外线照射产生的氧自由基引起过氧化物的生成，对改善皮肤炎症、抗氧化等有一定的作用。此外，它可代替工业中现在使用的

合成色素，广泛应用于口红、胭脂、洗发水等化妆品。

因此，紫薯按功能可以分为以下三种：①可做鲜食性品种；②适宜提取色素的品种；③适宜加工全粉的品种。以紫薯为原料制作的休闲食品有炸薯片、炸薯条、冷冻薯饼等，其营养丰富，口感好，颇受市场青睐。用于加工休闲食品的紫薯除对薯形外观要求较高外，还要求含有较高的淀粉及可溶性糖。

## 第二节 紫色甘薯新品种介绍

### (一)鲜食型品种

1. 渝紫263

由西南师范大学以徐薯18集团杂交育成。2002—2003年参加长江流域薯区甘薯区域试验。两年平均鲜薯亩产1731.6千克，比对照南薯88减产19.40%；薯干亩产513.8千克，比南薯88减产12.66%。2004年参加生产试验，平均鲜薯亩产1537.93千克，比对照南薯88减产15.16%；薯干亩产457.51千克，比对照减产7.17%。2005年通过全国甘薯品种鉴定委员会鉴定。紫肉食用型。顶叶绿色边褐，叶形浅复缺刻，叶绿色，叶脉紫色，叶柄绿色，茎绿带紫色。短蔓，株型半直立，分枝8～10个。单株结薯5个以上，薯块长纺锤形，紫红皮紫肉，结薯均匀，中薯率高，薯皮光滑，薯型美观，薯块萌芽性好。夏(春)薯块干物率29.44%，鲜薯淀粉含量20.70%，粗蛋白0.672%，可溶性糖7.40%。食用品质好。中抗黑斑病，高感根腐病。国家甘薯品种鉴定意见：建议在重庆、江西、湖南、江苏南部作紫肉食用型甘薯品种种植。注意防治蔓割病。

2. 宁紫薯1号

由江苏省农科院粮食作物研究所以宁97-23放任授粉育成。2003年参加全国特用组甘薯品种区域试验,平均鲜薯亩产1653.4千克,比对照徐薯18增产16.30%,薯干亩产440.6千克,比徐薯18增产6.62%。2004年参加长江流域薯区甘薯品种区域试验,平均鲜薯亩产957.67千克,比对照南薯88减产6.00%,薯干亩产633.95千克,比南薯88增产1.00%。2004年参加生产试验,平均鲜薯亩产1932.3千克,比对照徐薯18增产6.85%,薯干亩产523.3千克,比徐薯18增产7.35%。2005年通过全国甘薯品种鉴定委员会鉴定。紫肉食用型。绿色带紫边,叶心脏形,叶绿色,叶脉绿色。长蔓,茎绿色,顶叶基部分枝6～8个。单株结薯5个左右,薯块长纺锤形,紫红色皮紫肉。薯块萌芽性好。夏薯薯块干物率27.27%,花青素含量为22.4毫克/100克,总可溶性糖含量为5.60%。抗根腐病,不抗黑斑病。栽培技术要点:春薯3300～3500株/亩,夏薯3500～3800株/亩。基肥以复合肥为佳,施用量每亩40千克左右。防止渍害,栽前使用除草剂(旱草灵或乙草胺)防草害。国家甘薯品种鉴定意见:建议在江苏、河北、山东、湖北、湖南、广东、广西作紫肉食用型甘薯品种种植。

3. 宁紫薯4号

该品种为江苏省农科院作物研究所育成,产量为2500千克/亩左右。可鲜食,而且均具有抗旱、耐瘠薄、适应性强、产量较高、薯块均匀、薯皮光滑、色泽鲜艳和肉质细腻等特点,适宜广大甘薯产区种植。

4. 烟紫薯1号

由山东省烟台市农业科学研究院以烟紫薯80放任授粉

育成。2002—2003年参加长江流域薯区甘薯品种区域试验。两年平均鲜薯亩产1483.5千克，比对照减产8.40%；薯干亩产428.3千克，比对照减产9.10%。2004年参加生产试验，鲜薯平均亩产2108.63千克，比徐薯18增产15.30%；薯干亩产642.5千克，比徐薯18增产12.20%。2005年通过全国甘薯品种鉴定委员会鉴定。紫肉食用型。顶叶淡绿，叶戟形，叶绿色，叶脉深紫。蔓长中等，茎绿带紫，分枝数5.8个。单株结薯数3个，大中薯率80%左右，薯形中膨筒形，薯皮紫色，薯肉紫色，色泽均匀。花青素含量31.90毫克/100克(鲜基)，干物率为28.5%，熟食味中等。抗黑斑病、茎线虫病、根腐病。国家甘薯品种鉴定意见：建议在山东、福建、河南、江苏、湖南、广西、广东作紫肉食用型甘薯品种种植。

5. 烟紫薯176

烟紫薯176是烟台农科院选育的紫甘薯新品种。叶心脏形，深绿色，叶脉紫红。蔓长及分枝中等。薯块长纺锤形，皮紫黑色，肉深紫，色素含量比烟紫薯1号高2个百分点，是提取色素的好品种，产量接近烟薯337。

6. 济薯18号

由山东省农业科学院作物研究所以徐薯18放任授粉育成。2002—2003年参加国家甘薯品种北方组区试。2002—2003两年平均鲜薯亩产1791千克，比对照品种徐薯18增产5.80%；薯干亩产484千克，比对照品种徐薯18增产3.80%。2002—2003年参加国家甘薯品种特用组区试，鲜薯亩产1829千克，比对照品种徐薯18增产13.00%；薯干亩产510千克，比对照品种徐薯18增产8.30%。2003年参加国家甘薯品种北方组生产试验，鲜薯亩产1896千克，比对照品种徐薯18增产9.00%；薯干亩产480千克，比对照品种徐薯18

增产10.10%。2004年通过全国甘薯品种鉴定委员会鉴定。紫肉食用型品种。茎紫色，叶戟形，顶叶、成熟叶绿色。蔓中长，分枝较多，地上部生长势强。薯块纺锤形，薯皮紫色，薯肉紫色。萌芽性较好，芽粗壮整齐。薯块膨大早，单株结薯数3～4个，大中薯率75%。中抗根腐病、茎线虫病和黑斑病。耐旱、耐瘠性好，耐肥、耐湿性稍差。干物率26.8%，淀粉含量15.1%，蛋白质含量1.0%，硒元素含量$5.36\times10^{-3}$克/千克。食味中等。国家甘薯品种鉴定意见：适宜在河北、安徽、山东、河南漯河、广东、福建、湖南夏薯区种植。该品种耐湿性较差，不宜在潮湿地区种植。

7. 徐紫22-1

该品种为徐州甘薯研究中心育成。顶叶绿色，茎色紫色，叶呈心脏形，叶脉紫色。中蔓型，地上部长势强，分枝数6～7个。薯块呈纺锤形，薯皮红色，薯肉紫色，结薯集中，大中薯率高。干率与徐薯18相当。平均鲜产为2009.8千克/亩。中抗根腐病和黑斑病。

8. 徐紫薯1号

该品种为徐州甘薯研究中心育成，以日本红东为母本，热带作物研究所品种TIB10为父本杂交选育而成，原系号97-95-6。该品种叶片绿色，茎绿带紫，蔓长中等，植株生长势强。薯块萌芽性好，采苗量较多，薯苗健壮。薯皮紫红，薯肉紫，薯块纺锤形，商品薯率高。夏薯鲜产2000千克/亩。烘烤后紫色加深，色泽美观，食用品质较好。高抗根腐病。适于在长江中下游城市和茎线虫病区种植。

9. 广紫薯一号

广紫薯一号是广东省农科院作物研究所育成的甘薯新品种，于2005年3月通过了广东省品种审定。其全生育期

110～130天。萌芽性好。顶叶色缘紫，叶形浅复，叶脉紫色，茎绿带紫色，株形半直立。薯皮紫红，紫花色肉，薯形纺锤较美观。一般产鲜薯2400千克/亩。耐贮性好。中抗薯瘟病。

10. 冀紫薯2号

由河北省农林科学院粮油作物研究所育成。审(鉴)定情况:2016年3月年通过国家品种鉴定委员会鉴定，鉴定编号为国薯鉴2016017。品种来源:2008年有性杂交获得徐35-5集团杂交种子。集团亲本有徐35-5、泉紫薯1号、烟紫薯1号、金山630、冀21-2、Y-6、冀薯4号等。2009年种植实生苗进行第一次选择。冀紫薯2号(系号7-9)单株入选，2010年至2012年继续品系鉴定试验。2013年参加新疆抗旱鉴定抗旱性突出，在元氏县和易县示范，表现抗旱抗病，结薯早，商品性好，食味优，耐储藏。2014—2015年参加国家甘薯品种北方特用组区域试验。特征特性:食用型紫薯品种。萌芽性较好。中长蔓，分枝数10个，茎蔓较细。叶片深缺，顶叶绿色带紫边，成年叶绿色，叶脉绿色，茎蔓浅紫色。薯块纺锤形，紫皮紫肉，结薯较集中，薯块较整齐，单株结薯5～6个，大中薯率高。食味好。耐贮。两年区试平均烘干率29.16%，比对照高3.13个百分点，两年平均花青素含量22.14毫克/100克鲜薯。抗茎线虫病和黑斑病。产量水平:2014年参加国家甘薯品种北方特用组区域试验，平均鲜薯亩产2140.1千克，比对照宁紫薯1号增产23.68%;薯干亩产615.7千克，比对照增产37.99%。2015年续试，平均鲜薯亩产2100.4千克，比对照宁紫薯1号增产14.65%;薯干亩产609.2千克，比对照增产20.04%。推广地区及范围:在河北、河南、山东、山西、陕西、北京适宜地区作食用型紫薯品种种植。注意防治黑斑病，不宜在根腐病重发地种植。

11. 绵紫薯9号

由绵阳市农业科学研究院/西南大学育成。品种来源：4-4-259(浙13×浙78)开放授粉。特征特性:高花青素型品种。萌芽性好。中长蔓,分枝数4～5个,茎蔓较粗。叶片深裂复缺,顶叶绿色,成年叶绿色,叶脉绿色,茎蔓绿色。薯形纺锤形,紫皮紫肉,结薯集中,薯块整齐,单株结薯4～5个,大中薯率70.40%。食味较优。耐贮藏。两年区试平均烘干率28.43%,比对照宁紫薯1号高1.57个百分点,两年平均花青素含量55.97毫克/100克鲜薯。高抗茎线虫病,抗蔓割病,中抗根腐病,感黑斑病,感Ⅰ型、Ⅱ型薯瘟病。产量表现：2012年参加国家甘薯品种长江流域薯区特用组区域试验,平均鲜薯亩产2222.36千克,比对照宁紫薯1号增产19.36%;薯干亩产611.14千克,比对照增产27.60%。2013年续试,平均鲜薯亩产1860.3千克,比对照宁紫薯1号增产20.96%;薯干亩产541.1千克,比对照增产26.65%。2013年生产试验平均鲜薯亩产2330.4千克,比对照宁紫薯1号增产30.19%;薯干亩产644.2千克,比对照增产43.78%。

12. 宁紫薯4号

由江苏省农业科学院粮食作物研究所育成。审(鉴)定情况:2016年通过国家品种鉴定委员会鉴定,鉴定编号为国品鉴甘薯2016012。品种来源:以徐州甘薯研究中心育成的紫心甘薯品种徐紫薯5号为母本,以江苏省农科院粮作所育成的宁紫薯1号为父本,采用人工定向杂交育种的方法选育而成。特征特性:食用型紫薯品种。叶片心形带齿,顶叶紫褐色,成年叶和叶脉均为绿色。中短蔓,茎蔓绿色,分枝数5.6个。萌芽性好。薯块纺锤形,紫红皮紫肉,结薯集中,薯块整齐,单株结薯4～5个,大中薯率76.20%。耐贮藏。平均烘干率

28.98%,平均花青素含量20.72毫克/100克鲜薯。食味较好。高抗茎线虫病,抗黑斑病,中抗蔓割病,不抗根腐病和薯瘟病。产量水平:2014—2015年参加国家长江流域薯区特用组甘薯品种区域试验。2014年平均鲜薯产量2311.5千克,比对照宁紫薯1号增产24.23%;平均薯干亩产674.3千克,比对照增产31.49%。2015平均鲜薯亩产2173.5千克,比对照宁紫薯1号增产3.84%;平均薯干亩产620.8千克,比对照增产12.69%。2015年生产试验平均鲜薯亩产2334.8千克,比对照宁紫薯1号增产16.41%;平均薯干亩产667.3千克,比对照增产24.38%。推广地区及范围:适宜在湖南、江西、浙江、四川、重庆、江苏作食用紫薯种植。

13. 秦紫薯2号

由宝鸡市农业科学研究所育成。审(鉴)定情况:2016年通过国家品种鉴定委员会鉴定,鉴定编号为国品鉴甘薯2016009。品种来源:秦薯4号集团杂交。特征特性:食用型紫薯品种。萌芽性较好。中蔓,分枝数12~13个,茎蔓中等粗。叶片心形带齿,顶叶绿色,成年叶绿色,叶脉绿色,茎蔓绿色带紫条斑;薯形纺锤形,紫皮紫肉,结薯集中,薯块整齐,单株结薯3~4个,大中薯率高。食味香甜。比较耐贮。两年区试平均烘干率29.55%,比对照宁紫1号高3.52个百分点,两年平均花青素含量17.55毫克/100克鲜薯。抗茎线虫病,中抗根腐病、蔓割病,感黑斑病。产量水平:2014年参加国家甘薯品种北方特用型区域试验,平均鲜薯亩产1940.4千克,比对照宁紫1号增产12.13%;薯干亩产570.7千克,比对照增产27.90%。2015年续试,平均鲜薯亩产1962.1千克,比对照宁紫1号增产1.46%;薯干亩产582.5千克,比对照增产14.78%。2015年生产试验平均鲜薯亩产2325.5千克,比对照宁紫1号增产10.73%；薯干亩产661.2千克，比对照增产15.06%。推广地区及范围：在陕西省、河南省、河北省、山西省适宜地区作食用型紫薯品种种植。

14. 万紫薯56

由重庆三峡农业科学院育成。审(鉴)定情况：2010年通过重庆市农作物品种审定委员会鉴定，鉴定编号为渝品审鉴2010011；2011年通过国家品种鉴定委员会鉴定，鉴定编号为国品鉴甘薯2011020。品种来源："日本紫心"集团杂交。特征特性：顶叶、成熟叶均为浅裂，顶叶绿色、成熟叶色绿，叶脉深紫色，叶柄绿色。茎绿色带紫斑，蔓长中等，单株分枝数8个左右。薯块短纺锤形，皮紫色、肉紫色，单株结薯数4～5个。抗根腐病，抗蔓割病，中抗茎线虫病，不抗黑斑病。早熟性好。块根干物率平均为25.29%，花青素含量平均为14.97毫克/100克鲜薯，粗蛋白含量5.50%(干基)，还原糖含量8.10%(干基)，可溶糖含量9.90%(干基)。产量水平：2007—2008年在重庆市区域试验紫肉甘薯组中，7个试点两年平均鲜薯产量2307.4千克/亩，比对照种(1)南薯88减产9.40%，比对照种(2)山川紫增产104.43%；薯干亩产567.2千克/亩，比南薯88减产10.89%，比山川紫增产47.02%；淀粉产量300.8千克/亩，比南薯88减产23.84%，比山川紫增产14.41%；花青素产量1175.08克/亩，比山川紫高531.84克/亩。2008—2009年国家甘薯品种长江流域薯区区试汇总：平均鲜薯产量1826.0千克/亩，比对照品种南薯88减产11.29%；薯干产量461.9千克/亩，减产18.14%。推广地区及范围：适宜在重庆、四川、广东、湖南、河南、河北等地区种植。

15. 烟紫薯3号

由山东省烟台市农业科学研究院育成。审(鉴)定情况：

2014年通过国家品种鉴定委员会鉴定，鉴定编号为国品鉴甘薯2014004。品种来源：烟薯0389改良杂交。特征特性：食用型品种。萌芽性较好。长蔓，分枝数8个，茎蔓中等偏粗。叶片心形带齿，顶叶绿色，成年叶绿色，叶脉紫色，茎蔓浅紫色。薯形纺锤形，紫皮紫肉，结薯较集中，薯块整齐，单株结薯3～4个，大中薯率高。食味较好。较耐贮。两年区试平均烘干率27.87%，比对照宁紫1号高0.93个百分点。两年平均花青素含量13.78毫克/100克鲜薯。高抗蔓割病，中抗根腐病和黑斑病，高感茎线虫病。产量水平：2012年参加国家甘薯品种北方特用组区域试验，平均鲜薯亩产2153.2千克，比对照宁紫薯1号增产27.57%；薯干亩产596.6千克，比对照增产36.06%。2013年续试，平均鲜薯亩产1725.1千克，比对照宁紫薯1号增产18.69%；薯干亩产484.3千克，比对照增产18.72%。2013年生产试验平均鲜薯亩产1435.0千克，比对照宁紫薯1号增产17.22%；薯干亩产425.3千克，比对照增产14.76%。推广地区及范围：建议在全国北方薯区作为食用型紫薯推广种植。注意防治茎线虫病。

16. 鄂紫薯13(E3588)

由湖北省农业科学院粮食作物研究所育成。审(鉴)定情况：2016年通过国家品种鉴定委员会鉴定，鉴定编号为国薯鉴2016020。品种来源：宁紫薯1号，放任授粉。特征特性：该品种萌芽性较优。最长蔓长325.1厘米，分枝4.2个，茎粗0.52厘米。叶片形状心齿形，顶叶淡紫色，叶绿色，叶脉淡紫，茎绿带紫。薯形短纺锤形，薯皮紫薯，薯肉紫，结薯集中整齐，大中薯率88.71%。食味评分(70.0)。花青素含量为26.86毫克/100克。较耐贮藏。高感黑斑病，高感根腐病，中抗茎线虫病，感蔓割病，福建点鉴定中感Ⅰ型薯瘟病，高感Ⅱ

型薯瘟病,广州点中抗薯瘟病。产量水平:两年17点次平均鲜薯亩产2121.4千克,较对照增产7.31%,增产不显著,居第3位,12点次增产,6点次减产;薯干亩产622.3千克,比对照增产17.00%,增产极显著,居第2位,15点次增产,3点次减产;平均烘干率29.39%,比对照低2.44个百分点。推广地区及范围:建议在长江流域薯区的湖北、四川、重庆、湖南、江苏、江西、浙江等适宜地区种植。不宜在黑斑病、根腐病、感蔓割病Ⅰ型和Ⅱ型薯瘟病病重发地种植。

17. 阜紫薯1号

由阜阳市农业科学院育成。审(鉴)定情况:2016年3月通过国家甘薯鉴定委员会鉴定,该品种于2014—2015年参加全国农业技术推广服务中心组织的全国甘薯品种区域试验,2016年3月经全国甘薯品种鉴定委员会鉴定通过。品种来源:渝紫1号开放授粉选育而成。特征特性:食用紫薯型品种。萌芽性较好。长蔓,分枝数9个左右,茎蔓较粗。叶片心形带齿,顶叶黄绿色带紫边,成年叶、叶脉和茎蔓均为绿色。耐贮性较好。薯块纺锤形,紫皮紫肉,结薯较集中,薯块较整齐,单株结薯3个左右,大中薯率较高。食味较好,食味总评分72.3,对照宁紫薯1号70.0分。两年区试平均烘干率26.69%,比对照宁紫1号高0.66个百分点,两年平均花青素含量23.88毫克/100克鲜薯。中抗蔓割病,感根腐病,高感茎线虫病和感黑斑病。产量水平:2014—2015年参加国家甘薯品种北方特用组区域试验,平均鲜薯亩产2263.9千克,较对照宁紫薯1号增产23.57%,达极显著水平,居第2位;平均薯干亩产604.2千克,较对照宁紫薯1号增产26.69%,达极显著水平,居第4位。推广地区及范围:建议在安徽、河北、河南、山东、山西等省大部分地区作食用型紫薯推广种植。注意

防治黑斑病和茎线虫病。

18. 广紫薯8号

由广东省农业科学院作物研究所育成。审(鉴)定情况:2014年通过国家甘薯品种鉴定委员会鉴定,鉴定编号为国品鉴甘薯2014006;2015年通过广东省农作物品种审定委员会审定,审定编号为粤审薯2015005。品种来源:广薯03-88计划集团杂交后代中选育而成。特征特性:高花青素型和食用型紫薯品种。萌芽性较好。株型半直立,生长势强,中蔓,分枝数9~15个,茎蔓粗中等。成叶尖心带齿形,顶叶绿带紫,成叶绿色,叶脉紫色,茎蔓绿带浅紫色。薯形长纺锤,紫色皮紫色肉,薯皮较光滑,薯块均匀,结薯集中,薯块整齐,单株结薯6.8个,大中薯率71.90%。食味评分平均74.2分(对照70.0分)。较耐贮。两年区试平均干物率29.92%,比对照高4.07个百分点;淀粉率平均19.68%,比对照高3.62个百分点。两年平均花青素含量38.6毫克/100克鲜薯。室内蔓割病抗性鉴定为抗,室内薯瘟病Ⅰ型鉴定结果为中抗,薯瘟病Ⅱ型鉴定结果为高感。产量水平:2012年参加国家甘薯品种南方特用组区域试验,平均鲜薯亩产2003.55千克,比对照宁紫薯1号增产4.88%;薯干亩产588.02千克,比对照种增产19.74%。2013年续试,平均鲜薯亩产1883.29千克,比对照减产2.76%;薯干亩产564.13千克,比对照增产12.30%。2013年生产试验平均鲜薯亩产2474.55千克,比对照宁紫薯1号增产12.53%;薯干亩产773.09千克,比对照增产28.89%。推广地区及范围:我国南方薯区水旱田都适宜种植。

19. 龙紫4号

由福建省龙岩市农业科学研究所育成。审(鉴)定情况:

2016年通过国家品种鉴定委员会鉴定，鉴定编号为闽审薯2016001。品种来源：以岩齿红作母本经放任授粉杂交选育而成。特征特性：该品种株型长蔓匍匐，单株分枝数8～14个，蔓细。成叶深复缺刻，叶片大小中等，顶叶、成叶、叶柄、叶侧脉为绿色，叶主脉、脉基、柄基浅紫色，茎绿带紫色。单株结薯4～6个，大中薯率76.40%，薯块纺锤形，薯皮紫红色，薯肉紫色。结薯集中，薯块均匀，干物率26.92%，淀粉率17.06%；食味评分81.4分，外观评分82.5分。省区试两年贮藏性鉴定结果为较好，抗病性鉴定结果为抗蔓割病，中抗薯瘟病。产量水平：2013年参加福建省甘薯区试，平均鲜薯产量2050.77千克/亩，比对照品种徐紫薯2号增产12.89%，达极显著水平，平均薯干产量542.55千克/亩，比对照增产14.91%，达极显著水平；2014年续试平均鲜薯产量2115.07千克/亩，比对照徐紫薯2号增产5.32%，未达显著水平，平均薯干产量580.52千克/亩，比对照减产4.93%，未达显著水平。两年平均鲜薯产量2082.92千克/亩，比对照增产9.11%。薯干产量561.54千克/亩，比对照增产4.99%。省区试两年平均干物率26.92%，出粉率17.06%，食味评分81.4分，比对照高1.5分，花青素含量19.99毫克/100克鲜薯，达到了食用紫薯的花青素含量标准。2015年12月8日，福建省农作物品种审定委员会薯类专业组在省旱作中试基地对该品种的生产试验进行现场验收，宁德点、莆田点、宁化点及石狮点、新罗点、南平点六点平均鲜薯产量2193.9千克/亩，比对照金山57减产13.59%。推广地区及范围：该品种适合在福建省各地种植。

20. 徐紫薯6号

由江苏徐淮地区徐州农业科学研究所育成。审(鉴)定情

况:2016年通过国家甘薯品种鉴定委员会鉴定,鉴定编号为国品鉴甘薯2016011。品种来源:徐薯18×徐薯27,杂交选育。特征特性:食用型紫薯品种。该品种萌芽性较好。中短蔓,分枝数9个左右,茎蔓较粗。叶片心形,顶叶绿色带紫边,成年叶深绿色,叶脉浅紫色,茎蔓紫色。薯形纺锤形,紫皮紫肉,结薯集中,薯块整齐,单株结薯5个左右,大中薯率较高。食味较好。较耐贮。烘干率26.32%,比对照宁紫薯1号高0.3个百分点。花青素含量160微克/克鲜薯左右。抗茎线虫病和蔓割病,中抗根腐病,高感黑斑病。产量水平:2014年参加国家甘薯品种北方薯区特用组区域试验,平均鲜薯亩产2353.4千克,比对照宁紫薯1号增产36.00%;薯干亩产611.0千克,比对照增产36.94%。2015年续试,平均鲜薯亩产2306.8千克,比对照增产19.29%;薯干亩产615.6千克,比对照增产21.29%。2015年生产试验平均鲜薯亩产2728.9千克,比对照增产22.02%;薯干亩产732.8千克,比对照增产16.76%。推广地区及范围:建议在江苏北部、北京、河北、陕西、山西、山东、河南、安徽中北部适宜地区作食用型紫薯品种种植。注意防治黑斑病。

21. 漯紫薯1号

由漯河市农业科学院育成。审(鉴)定情况:2015年通过国家品种鉴定委员会鉴定,鉴定编号为国品鉴甘薯2015012。品种来源:漯紫薯1号是漯河市农业科学院以烟337为母本、冀薯98为父本进行有性杂交选育而成。2012—2013年参加国家甘薯品种北方特用组区域试验,2014年参加国家北方特用型甘薯品种生产试验。综合评价,该品种鲜薯产量高,食味较好,综合抗病性较好,可作食用型紫薯品种使用。特征特性:该品种萌芽性较好。长蔓,分枝数7～8个,茎蔓较粗。叶

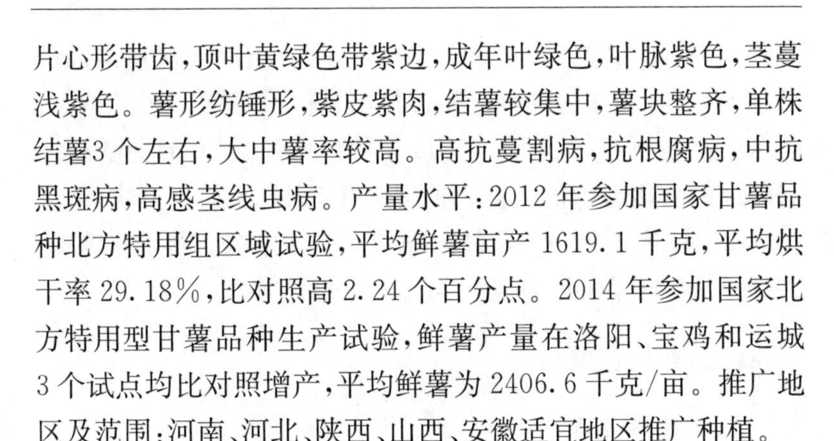



片心形带齿，顶叶黄绿色带紫边，成年叶绿色，叶脉紫色，茎蔓浅紫色。薯形纺锤形，紫皮紫肉，结薯较集中，薯块整齐，单株结薯3个左右，大中薯率较高。高抗蔓割病，抗根腐病，中抗黑斑病，高感茎线虫病。产量水平：2012年参加国家甘薯品种北方特用组区域试验，平均鲜薯亩产1619.1千克，平均烘干率29.18%，比对照高2.24个百分点。2014年参加国家北方特用型甘薯品种生产试验，鲜薯产量在洛阳、宝鸡和运城3个试点均比对照增产，平均鲜薯为2406.6千克/亩。推广地区及范围：河南、河北、陕西、山西、安徽适宜地区推广种植。

22. 福薯24号

由福建省农业科学院作物研究所育成。审(鉴)定情况：于2014年分别通过国家甘薯品种鉴定(国品鉴甘薯2014007)和福建省甘薯品种审定(闽审薯2014004)。品种来源：以烟薯176为母本计划集团杂交选育而成。特征特性：该品种薯形短纺锤或球形，紫红皮紫白肉，结薯较集中，薯块均匀，单株结薯3.7个，大中薯率86.40%。食味粉香。耐贮。烘干率29.81%，花青素含量7.3毫克/100克鲜薯。高抗蔓割病。产量水平：春薯种植平均鲜薯亩产2500～3000千克，秋薯种植平均鲜薯亩产2200～2700千克。推广地区及范围：在福建、江西、广东、广西适宜地区作食用型紫薯品种种植。

### (二)加工型品种

日本紫薯品种——日本绫紫 Ayamurasaki(农林47)

日本九州冲绳农业研究中心以紫肉品种九州109×萨摩光杂交育成。该品种叶心形，紫色，富含花青素，鲜产水平及色素含量均超过知名品种山川紫，最高花青素含量可达到150毫克/100克，色价达到15左右，是提取天然食用色素的

理想原料，是目前已育成的紫甘薯品种中花青素含量最高的品种，更可贵的是该品种淀粉含量高，鲜食口感好，耐贮藏，且贮藏后品质更好，是鲜食和提取天然食用色素用的理想品种。有较高的食用和保健价值。种薯萌芽率高，苗期生长快，苗质中等偏细，薯皮紫红色，薯肉深紫色至紫黑色，夏薯一般产1000～1500千克/亩，脱毒后可增产30%左右。

## (三)兼用型品种

1. 鄂紫薯1号

由湖北省农科院以日本选育的紫色甘薯品种山川紫为母本，以日本选育的紫色甘薯新品种日本绫紫为父本，2001年夏在武昌甘薯杂交圃通过嫁接和短日照诱导开花，采用人工定向配组杂交获得杂交种子，2002年从杂交种子的$F_1$实生分离世代中选拔，2003年以后进行薯块无性繁殖和复选，2004年进行株选混繁，2005—2006年进行所内品比，2007—2008年安排全省多点试验及品比，经多年系选和品比试验选育而成。顶叶绿色，茎绿色，叶尖心形，叶脉绿色。薯皮红色，薯肉紫色。花青素含量高，产量较高，鲜薯产量可达2070.0千克/亩。一般栽植密为3500～5000株/亩，作春薯宜稀，夏薯宜密。病虫害抗性较强。适宜在长江中下游推广种植。

2. 群紫1号

群紫1号是河南省农科院粮作所甘薯基地以日本黑薯王山川紫做母本，苏薯8号做父本，杂交选育而成的一个高产优质黑甘薯新品种。该品种顶叶紫绿，茎、柄红色，柄长而粗，产菜量大。美观，好吃。短蔓，分枝多，半直立。薯块纺锤形，烘干率29%，薯皮、肉紫红色，熟后紫黑色，味香黏甜，纤维少，富含抗癌物质硒、碘，营养成分高于普通甘薯数倍。适于烤、蒸和薯类加工，出口前景好。该品种结薯早而集中，便于机械收获。4月份栽种，8月份收获，亩产3000千克左右。高抗茎线虫病、黑斑病，耐旱、耐瘠薄，成活率高，薯块小，耐贮，萌芽性强，综合性状好，是当前黑薯品种中的佼佼者。每亩种植3500株，不翻秧，少施氮肥，增施磷钾肥，注意防治地下害虫。

3. 京薯6号

京薯6号是北京农学院经多年努力选育出的一个紫黑薯新品种。该品种由巴西红薯与中国红薯杂交而成，茎蔓长1.5米左右，生长势强。叶片心脏形，叶片、叶脉全绿色。薯块纺锤形，薯皮紫黑光亮，无条沟，薯肉为紫色，熟后紫黑色，甜度高，肉质细腻，食味优，香甜面沙，有浓郁的栗子香味，品质好，出干率高，主要用于深加工和提取色素。该品种薯块整齐均匀，大中薯率和商品率高，适应于我国北方的气候和土壤，抗逆性和丰产性均高，抗病性强，耐旱耐瘠耐大肥，产量高。春薯一般每亩产4000千克，最高可达5000千克以上，夏薯一般每亩产3000千克左右。

4. 山川紫

该品种从日本引进，色素含量高，比普通紫红薯的花青素含量高2倍以上，除食用外还可用来提取色素。亩产一般在1500千克以上。薯形细长，整齐度差，主蔓茎长6～7米。用该薯的嫩茎叶做菜，口感比空心菜还好。

5. 日本紫薯王

日本紫薯王，是引自日本的黑薯新品种。叶色深绿，顶三叶紫红，叶心脏形，浅裂单缺刻，叶柄叶脉全绿色。蔓长1米左右。薯形长纺锤形，薯皮光滑，紫黑光亮，薯肉深紫色。薯块断开后流出紫色浆液，用手一擦立即将手染成紫色，是提取

紫红色素的最佳品种。熟后紫黑色,香甜面沙,食味极佳。单株结薯4～6块,薯块大小均匀,单块重200～800克。一般亩产量:春薯2000～2500千克,夏薯1500千克左右,是日本川山紫产量的2～3倍。抗病性强。耐贮藏。萌芽性好,出苗量高。

## 第三节　紫色甘薯高产栽培技术

### (一)育苗

#### 1. 育苗方式

通常采用排种育苗的方式,凡使用薯块育苗的地区,建设苗床,选择背风向阳、地势高燥、排水良好的地点育苗。采用小拱棚加地膜两层覆盖育苗,苗床宽1米,深15～20厘米,床底铺一层有机肥和稻草后浇水覆土。育苗前要用500～600倍多菌灵溶液进行苗床消毒。

建好苗床以后,就着手进行一系列的育苗活动。包括种薯的选择,排种时间,排放密度、数量和方法等,都和育苗的成败有直接关系。“好种出好苗”,这是农民多年来实践经验的总结,首先要选定适合本地区种植的优良品种。为防止品种混杂和病虫害蔓延,必须进行育苗前的选种工作。具体做法是严格选用无病种薯,选择好排种时间,过早过晚都不好。排种过早,因天气寒冷,保温困难,育苗期拖长,徒耗人力,浪费燃料,而且薯苗育成后,因气温低不能栽到田间,形成“苗等地”现象,不仅延长苗龄,还会降低薯苗素质。由于已育成的苗不能及时采,必然影响下茬苗的生长。如果排种过晚,出苗迟,育成的苗赶不上适时栽插的需要,会造成“地等苗”的局面，最终是晚栽减产。用温床育苗的地方，一般掌握在当地栽插适期前25～30天排种。长江流域春季较温暖，温床育苗在3月上旬排种，露地育苗期一般在4月初开始。种薯上床前用多菌灵600～800倍液消毒5～10分钟。严格选用无病种薯，薯块间隔3厘米左右，覆土2～3厘米。

排种时要注意分清头尾，切忌倒排。大块的入土深些，小块的浅些，使薯块上面都处在一个水平上，这样出苗整齐。排放种薯有斜排、平放、直排3种。用温床育苗，为节约苗床面积，大都采用斜排方式，斜排以头压尾，后排薯顶部压前一排种薯的1/3，不太影响薯块的出苗量，也充分利用了苗床面积。如果压得过多，会加大排种数量，出苗数虽然增加，却使薯苗拥挤，生长细弱不良，降低成活率。平放种薯一般多用在露地育苗，排种时头尾先后相接，左右留些空隙，能使薯苗生长茁壮，出苗也均匀一致。

2. 苗期管理

温床育苗的管理，应以控制温度为重点，温度管理是培育壮苗的关键。即前期高温催芽，采用30～32℃高温催芽，以利多出苗，当60％薯块出芽后揭膜；中期平温长苗，要求维持床温在25～26℃，使薯苗健壮生长，晴天气温达到20℃以上时揭开拱棚两端通风，苗床温度保持在25～30℃，床土见干见湿；后期低温炼苗，在拔苗前2～3天，要将床温降至20℃进行低温炼苗。辅以控制湿度与通风条件，适当追肥，后期苗龄30天左右，苗高20～25厘米，有6～8片完整叶片，即可剪苗栽种大田。

从排种到薯芽出土，以催为主。要求适当提高床温，有充足的水分和空气，促使种薯萌芽。种薯排放前，床温应提高到30℃左右。排种后使床温上升到35℃，保持3～4天，然后降

到 32～35℃范周内，最低不要低于 28℃，起到催芽防病作用。没有加温设备的苗床也要采取有效措施，提高床内温度。

从薯苗出齐到采苗前 3～4 天，温度适当降低，仍然主攻苗数和生长速度，但不要让苗生长过快。注意适当控温，避免温度过高。前阶段的温度不低于 30℃，以后逐渐降低到 25℃左右。掌握有催有炼，两相结合的原则。

接近大田栽苗前 3～4 天，把床温降低到接近大气温度，温床停止加温，昼夜揭开薄膜和其他防寒保温设施，任薯苗在自然气温条件下提高其适应自然的能力，使薯苗老健。使用露地育苗和采苗圃的地方，只要搞好肥、水管理，不使生长过旺就能育成壮苗。

排种后盖土以前要浇透水，然后盖土，出苗以前看情况可不浇或少浇。出苗以后随着薯苗不断长大和通风晒苗，耗水量增加，适当增加浇水量，等齐苗以后再浇 1 次透水。采过一茬苗后立即浇水。但在炼苗期、采苗前两三天一般以晾晒为主，不需要浇水。掌握高温期水不缺，低温炼苗时水不多，使床土经常保持床面干干湿湿，上干下湿。育苗前期气温低，浇水的时间选在上午，后期气温高改在早晚浇。酿热温床浇水以浇透床土为原则，水量要少，次数多些，浇水过多会影响酿热物发热。露地育苗除在排种时浇透水以外，一般不再加水，以免影响地温，一般是每剪(采)一茬苗浇 1 次透水。

在整个育苗期，都应适当通风供氧，不能封闭过严。床土中的养分供应日益减少，为了满足薯苗不断生长的需要，需追肥。追肥的数量、方法、次数和时间要根据育苗的具体情况来决定。火炕和温床育苗，排种密度大，出苗多，应当每剪(采)1 次苗结合浇水追 1 次肥。露地育苗和采苗圃，因生长期较长，需肥量也多，应分次追肥。肥料种类以氮肥为主，如饼肥、氮素化肥或人畜粪尿等。采用直接撒施或对水稀释后浇施的方法，追施化肥要选择苗叶上没有露水的时候，以免化肥粘叶，“烧”毁薯苗。

3. 选择壮苗及时采苗

壮苗的组织充实，根原粗壮发达，栽后成活快，抗逆性强，产量高。据研究结果指出，一级壮苗的产量比二级苗高 10%以上，三级弱苗减产约 10%，栽后的小株率也显著增多。壮苗的标准主要是：苗龄 30～35 天，叶片舒展肥厚，大小适中，色泽浓绿，100 株苗重 750～1000 克，苗长 20～25 厘米，茎粗约 5 毫米，苗茎上没有气生根，没有病斑，苗株挺拔结实，乳汁多。

待薯苗长到 25 厘米高度时，要及时采苗，栽到大田（或苗圃），如果长够长度不采，薯苗拥挤，下面的小苗难以正常生长，会减少下一茬出苗数。采苗的方法有剪苗和拔苗两种。剪苗的好处是种薯上没有伤口，减少病害感染传播，不会拔松种薯，损伤须根，利于薯苗生长，还能促进剪苗后的基部生出芽，增加苗量。

### （二）大田准备与移栽

1. 整地与施肥

甘薯适应性强，但以疏松通气，保肥力强，富含有机质的沙壤土种植为好，甘薯 80%的根系分布在 30 厘米左右的土层内，所以甘薯耕层 20～30 厘米为宜，埂栽是红薯栽培中普遍采用的方法。除了沙性大易遭干旱的土地或陡坡山地及盐碱地外，一般都适宜埂栽。各地试验证明，埂栽比平栽增产 10%以上。打埂的方式规格分大埂栽单行、小埂栽单行和大埂栽双行等，各具特点，要因地制宜选用。

大埂栽单行。黏土地及地势低洼易涝、地下水位高和肥力

高的春薯地块,可采取高埂大埂。大埂一般埂距1米左右,埂高25～33厘米,每埂栽种1行,埂距的加宽必须与埂的高度相适应,这在多雨或易涝地块比小埂单行增产效果更好些。在密度较大情况下,能做到密中有稀(指株距密,埂距稀),稀中有密;在多肥条件下,由于通风透光,茎叶间不易遮蔽,能避免徒长。在生育期长又有灌溉条件的地方,以此方式为好。

小埂栽单行。多在地势高、沙质土、土层厚、易干旱、地下水位深、水肥条件较差及生长季节短的地方应用。埂距66～86厘米,埂高20～26厘米,每埂栽种1行。这样植株分布比较均匀,茎叶封垄较早,有利于抗旱保墒。

大埂栽双行。一般埂距90～100厘米,埂高33～40厘米,每埂交错栽苗2行。在水肥条件较好、土质较疏松的平原、低洼及生长中、后期雨水偏多的地方,以上所述两种方式有一定优越性。这种方式在密度不大的情况下与单行相比产量相差不多。当密度提高到4000株时,比小埂单行增产10%以上。

丰产田多采用假埂,即冬前按埂距开沟,加深沟底,进行风化。早春施有机肥,并施土肥混合,破假埂封沟成埂。如人力不足,可采取套耕法,在冬前按埂距80～100厘米往外翻两犁,使土肥混合,最后再翻两犁成一埂。

深翻要结合施有机肥,土肥混合,增加土壤有机质,以改善土壤理化性质,有利于提高土壤肥力。结合深耕每亩施腐熟的鸡粪600千克、复合肥25千克、硫酸钾15千克,平整土地后起垄,垄距80厘米,垄高20厘米。旱地注意耙耢保墒,排水不良地块,注意排水:干旱地区注意冬翻保墒或雨后耙耢保墒,早春进行顶凌耙地对春季保墒也起很大的作用。高产田耕翻较深,在灌水或雨季时因土壤持水量加大,易造成土壤水分过多,因此对排水不良的地块,应结合深翻挖好排水沟。

排水沟应比深翻深度深15厘米，以有利于排涝。

2. 适时移栽

在苗源充足的情况下应做到用壮苗，剔除弱苗。春薯剪苗前要经过几天炼苗，夏薯选用采苗圃带顶尖的薯苗。因为壮苗返苗快，成活率高，长出的根多、根壮，吸收养分能力强。另外由于甘薯本身没有明显成熟期，适时早栽能延长生育期，以利于叶片制造更多的养分，达到高产优质。一般地温稳定在17～18℃，气温稳定在15～16℃为栽植适期，覆膜可提早10天。栽插时间最好选择在阴天土壤不干不湿时进行，晴天气温高时宜于午后栽插。大雨天气栽插不好，易形成柴根，应在雨过天晴土壤水分适宜时再栽。如果是久旱缺雨天气，应考虑抗旱栽插。在晴天剪苗后饿苗1天扦插，栽种时斜插入土天3～4节，以利于薯苗成活和结薯均匀，提高商品率和产量。栽后保持薯苗直立，直立的薯苗茎叶不与地表接触，避免栽后因地表高温造成灼伤而形成弱苗或枯死苗。根据不同品种和栽培条件确定合理密度，栽采苗圃剪下的蔓头苗，密度应每亩栽3500～4500株，株距20厘米。根据肥地宜稀、薄地宜密的原则，在发挥群体增产的基础上，充分发挥单株增产潜力。插前用50%多菌灵500倍液浸苗消毒，预防相关病害。

在施足底肥，浇足底水的基础上，将除草剂喷洒埂面，控制用量在0.1千克/亩，不可超过0.15千克/亩，注意喷洒均匀。

为保全苗，必须及时实施查苗补苗。一般栽后2～3天就应随查随补。补苗应当选用一级壮苗，补一棵，活一棵。同时要查清缺苗原因，如果是因地下虫害造成缺苗，要用毒饵诱杀防治虫害，因土壤水分不足造成的缺苗，应结合补苗浇水保证成活。

## (三)大田管理

1. 苗期管理

选择土层厚,土壤疏松,含硒量高,通气性良好的酸性沙壤土进行种植。要求深耕,晒垄,采用高畦栽培,扩大根系活动范围,增大昼夜温差,为紫色甘薯生产创造良好的土壤环境。一般高垄栽培 20～30 厘米,垄高为 35 厘米左右。

扦插时间选择在日平均气温稳定在 20℃以上时为宜,一般在 5 月中旬至 6 月上旬扦插为佳。扦插时,薯苗与地面成 35 度,斜插入土 3～4 节,扦插株距为 30 厘米,每亩密度为 3200～3500 株。

移栽时如遇干旱,应及时浇水,以利成活。移栽 20 天后,如有杂草应立即拔除。在甘薯生长中期,人工除草 1～2 次,同时把沟中土培向垄中。生长中期,结合除草可提藤 1～2 次,需注意收获前 1 个月,不可提藤。

2. 水分管理

幼苗期应适当控制浇水防止徒长,促其根系向下生长。块根膨大期,要保持地面湿润,土壤含水量在 70%～80%,防止忽干忽湿,块根开裂,降低商品率。

3. 追肥

紫甘薯吸肥量大,枝叶茂盛,宜适当增施磷、钾和腐熟有机肥。施用基肥,一般每亩施腐熟农家肥 1000～1500 千克或三元复合肥 30～50 千克。巧施追肥,应按苗的长势和土壤肥力而定。在施足基肥的前提下,坚持前期早施、勤施,中期巧施,后期看苗补施的原则。块根膨大前,大概扦插后 1 个月,结合提藤和中耕,每亩以施开沟施入复合肥 30 千克,硫酸钾 10 千克,尿素 6 千克,并进行培土,加厚土层,促进块根形成。

后期看苗补施，8 月上、中旬，追施裂缝肥，施含硫复合肥 25 千克/亩，促进块根膨大，同时要用 200～300 毫克/千克的多效唑叶面喷施，隔 15 天再喷 1 次，抑制地上部生长，促进地下部块根膨大。薯藤长势弱或遇干旱时每亩可用 0.2%磷酸二氢钾等叶面肥进行根外追肥，防止早衰。在生长中期人工除草 1～2 次，结合除草可提藤 1～2 次，防止结不定薯，确保产量。注意封垄后不要进行提藤。

## 第四节 收获与贮藏

紫甘薯收获过早，会显著降低块根的产量，收获过晚，块根常受低温冷害的影响，耐贮性大大降低。因此，必须适时收获。根据当地气候特点和市场需求来确定收获期。一般在 10 月中下旬，当日平均气温降至 15℃时，茎叶生长和薯块膨大停止，即可开始收获，最迟到降霜之前收获。选择晴天无雨的天气收获甘薯，以免薯块上有较多泥土，影响商品外观。一般先割去藤蔓，随后挖掘、装运等应尽量减少薯块破伤，要轻挖、轻装、轻卸，防止薯皮和薯块碰伤口，防止病菌感染。最早收获期在 7 月下旬，最迟收获期在降霜之前。可以根据当地气候特点和市场需求来确定。

# 第八章　甘薯病害防治技术

## 第一节　真菌病害

### （一）甘薯黑斑病

【分布与危害】甘薯黑斑病亦称黑疤病，俗名黑疔、黑膏药、黑疮等。1890年在美国发现，1937年抗日战争时期从日本传入我国。此病系一种毁灭性病害，是造成甘薯烂窖、烂床、死苗的主要原因。由于甘薯黑斑病在侵染薯块的病组织中产生莨菪素等有毒物质，因此牛吃了病薯后就会产生气喘病中毒死亡；人吃多了也会发生中毒现象。病薯作发酵原料时，能毒害酵母菌和糖化酶菌，使发酵延缓，并降低酒精质量和产量。

该病分布广泛，我国各甘薯生产区均有发生。甘薯黑斑病菌（*Ceratocystis fimbriata* Ellis et Halsted）属于子囊菌亚门，核菌纲，球壳菌目，长喙壳科，长喙壳菌属，子囊孢子不须经过休眠，即可萌发，在传染上起着重要的作用。无性阶段产生内生分生孢子和内生厚垣孢子。内生分生孢子无色，单胞，杆状或长圆形，大小为10.17～29.38微米×2.26～6.78微米。内分生孢子生成后，可立即发芽，发芽后有时生成一串次生内生分生孢子，如此可连续产生2～3代，然后生成菌丝。也可在萌芽后就生成内生厚垣孢子。内生厚垣孢子成熟后暗褐色，球形或椭圆形，具有厚膜，大小约为10.17～13.56微米。发病后期，厚垣孢子大量产生在病薯皮下维管束圈附近，能度过不良环境，可在贮藏期或苗期及大田的土壤里越冬。

【症状】甘薯黑斑病在甘薯整个生育期和贮藏期都可发生。但主要是危害薯块和薯苗的茎基部。用病薯育苗或是在带病土、病肥的苗床上育苗，幼芽即可受到侵染。其上产生黑色梭形小斑。严重时，幼苗出土前就腐烂，种薯变黑腐烂，造成烂床。幼苗期茎基部最易受到侵染，生长不旺，叶色淡，病斑多时幼苗可卷缩。薯苗受害茎基部长出黑褐色椭圆形或菱形病斑，稍凹陷，初期上有灰色霉层，后逐渐产生黑色刺毛状物和粉状物。病苗移栽大田后，基部叶片变黄脱落，地下部分变黑腐烂，苗易枯死，造成缺苗断垄。轻病者尚能成活，但生长势不强，抗逆性差，产量不高。新形成的薯块，以收获前后发病较多，病斑多发生于虫伤、鼠咬、裂皮或其他损伤的伤口处，病斑为褐色至黑褐色，中央稍凹陷，上生有黑色霉状物或刺毛状物。病薯有苦味，不能食用。贮藏期薯块感病，病斑多发生在伤口和根眼上，初为黑色小点，逐渐扩大成圆形或棱形或不规则形病斑，中间产生刺毛状物。贮藏后期，病斑可深入薯肉达2～3厘米，呈暗褐色。往往由于黑斑病的侵染，使其他真菌和细菌乘隙侵入，引起各种腐烂。

【发病规律】病菌以厚垣孢子和子囊孢子在贮藏窖或苗床及大田的土壤内越冬，有的以菌丝体附在种薯上越冬，成为次年初侵染来源。甘薯黑斑病的发生轻重与温湿度、土质、甘薯品种以及薯块伤口的多少有密切关系。其发病温度最低为8℃，最高为35℃，最适为25℃，病菌主要从伤口侵入。地势低洼、阴湿、土质黏重利于发病。贮藏期间，感病最适温度为23～27℃。

【防治方法】

(1)农业措施。选用抗病品种,实行轮作倒茬;建立无病留种田。培育无病壮苗。抗病能力较强的品种有:烟薯6号、鲁薯2号、南京92、绵粉1号、豫薯4号等。

(2)药剂处理。一是种薯处理,用50%多菌灵可湿性粉剂500倍液浸种薯3～5分钟后晾干入窖,每千克药液浸种薯10000千克;使用药剂浸种时,配一次药液可连续浸种10～15次,其药效不减。二是药剂浸苗消毒,用50%甲基托布津可湿性粉剂500～700倍液或50%多菌灵2500～3000倍液,浸根6～10厘米,2～3分钟。

(3)高温育苗高剪苗。高温育苗是在育苗时把苗床温度提高到35℃左右,利用热力杀死或控制病菌在苗床上的活动和侵染,以达到控制病害发展的目的。另外还可防止腐烂,并可促使早出苗,提高出苗率。甘薯黑斑病一般只危害薯苗白嫩的茎基部,采用高剪苗(离地面10～16厘米剪苗),可减轻田间发病率,提高薯苗的成活率。

### (二)甘薯根腐病

【分布与危害】甘薯根腐病又称烂根病、地痞、开花病等。是近年发生较重的一种病害,山东、河南、河北、江苏、安徽、陕西等地发生较重,轻病田减产10%～20%,重病田块减产可达40%～50%,甚至成片死亡,造成绝收。甘薯根腐病病原菌为腐皮镰孢甘薯专化型[*Fusarium solani* (Mart.) Sacc. f. sp. *batatas* Mcglure]。该菌除危害甘薯外,还能侵染一些旋花科植物,如牵牛花、田旋花、茑萝、月光花等。其无性阶段为半知菌亚门。在自然发育循环中,此菌的繁殖器官为分生孢子。在人工培养基上,菌丝灰白色,呈稀绒毛状至密绒状或絮状,并有环状轮纹。

【症状】主要发生在大田期。危害幼苗，先从须根尖端或中部开始，局部变黑坏死，以后扩展至全根变黑腐烂，并蔓延至地下茎，形成褐色凹陷纵裂的病斑，皮下组织疏松。地上秧蔓节间缩短、矮化，叶片发黄。发病轻的，入秋后秧蔓上大量现蕾开花；发病重的，地下根茎全部变黑腐烂，主茎由下而上干枯，以致全株枯死。病薯块表面粗糙，布满大小不等的黑褐色病斑，初期病斑表皮不破裂，中后期龟裂，皮下组织变黑。无苦味，熟食无硬心和异味。

【发病规律】甘薯根腐病主要为土壤传染，病菌分布以耕作层的密度最高，发病也重，田间扩展靠流水和耕作活动。遗留在田间的病残体也是初侵染来源。根腐病发生的规律是：高温、干旱条件下发病重；夏薯重于春薯；连作地重于轮作地；晚栽重于早栽；沙土瘠薄地重于壤土肥沃地。发病温度范围在21～30℃，最适温度为27℃左右。土壤含水量在10%以下，对病害发生发展有利。目前对甘薯根腐病虽未发现免疫品种，但不同品种间抗耐病程度差异很大。随着远距离种薯（苗）的调运，病菌可在无病区繁殖传播。

【防治方法】

(1)选用抗病品种。选用抗病良种是防治根腐病的最经济有效的措施。比较抗病的品种有徐薯18、烟薯2号、郑州红4号、济薯10号、济薯11号、徐薯24、徐薯25等。品种的抗病性有随着栽植年限的延长而逐步降低的趋势，因此病区应注意年年选优留种，不断更新。

(2)培育壮苗，适时早栽，加强田间管理。栽插期不同，病情和产量有显著差异。实践证明，春薯应力争早栽，有灌溉条件的地方应在栽植返苗后普浇1次水，能提高抗病力。夏薯

在麦收后也应尽量早栽,并及时浇水。深耕翻土,增施有机肥,不施带菌肥,早栽、早管促早发能增强甘薯的抗病力。

(3)轮作换茬。连作地土壤带菌量大,病害重。重病田可与花生、芝麻、棉花、玉米、谷子、绿肥等作物实行3年以上轮作。

(4)建立无病种子田。选择无病地建立无病采苗圃和无病留种田,培育无病种薯。无病区不要到病区引种、买苗,杜绝病害的传入扩散。

### (三)甘薯蔓割病

【分布与危害】甘薯蔓割病又叫甘薯枯萎病、蔓枯病、萎蔫病、茎枯病等。分布广泛,全国各甘薯生产区均有发生。该病由两种真菌类镰刀菌侵染所引起,第一种为甘薯尖镰孢菌(*Fusarium oxysporum* var. *batatas* Wr. Snyder et Hansen),其大型分生孢子无色,具有1～3个分隔,厚垣孢子球形,褐色。第二种为镰孢菌(*F. bulbigenum* Cooke et Mass. var. *batatas* Wollenw),分类地位同前。其大型分生孢子有4～5个分隔,厚垣孢子球形,褐色。除危害甘薯外,还危害烟草、马铃薯、番茄、棉花、玉米、大豆等多种作物,也能侵染根部,但不引起外部症状。甘薯苗期发病可减少出苗量,大田期发病越早,产量损失越大。重病田减产可达80%以上。

【症状】侵染茎蔓、薯块。苗期发病,主茎基部叶片先发黄变质,有些变形。茎蔓受害,茎蔓的维管束变色,呈黑褐色,裂开部位呈纤维状。病薯蒂部常发生腐烂。横切病薯上部,维管束呈褐色斑点。病株叶片自下而上发黄脱落,最后全蔓枯死。有时老叶枯死又长出新叶,新叶小而变厚,节间短,丛生,但有些病株依靠不定根吸收养分,故凋萎较慢。

【发病规律】病菌以菌丝和厚垣孢子在病薯内或附着在遗留于土中的病株残体上越冬，为初侵染病源。病菌从伤口侵入，沿导管蔓延，病薯和病苗是远距离传播的途径，流水和耕作是近距离传播的途径。该病菌能在土中存活 3 年以上。甘薯蔓割病的发生与温度和湿度的关系密切。土温在 15℃左右，病菌就能繁殖侵染，土温在 27～30℃最易感染。在适宜温度条件下，降雨量多寡是病害流行的主要因素。雨量大，次数多，有利于病害流行，故降雨后病情常急剧上升。连作地、沙土、沙壤土地发病较重。土质黏重、水分多、pH 值较高的土壤(如稻田土)发病较轻。

【防治方法】

(1)甘薯的不同品种(品系)间抗病力有很大差异。首先要选用抗病品种，禁止从病区调入薯种、薯苗；比较抗病的品种有:篷尾、胜利百号、广薯 16、华北 48、潮薯 1 号、广薯76-15、福薯 87、普薯 13、广薯 80-159 等。

(2)温汤浸种，培育无病壮苗，或用 50％甲基托布津可湿性粉剂 500 倍液浸苗 5 分钟。

(3)在农业措施上，重病地可与水稻、大豆、玉米等轮作换茬三年以上。田间发现病株应及早拔除，妥善处理。

## (四)甘薯疮痂病

【分布与危害】甘薯疮痂病又称甘薯缩芽病、甘薯麻风病、甘薯硬杆病等。我国于 1933 年首先在台湾省发现，随后福建、广东、广西、浙江等省区相继发生，福建、浙江危害较重。该病的危害程度因发病期迟早而定，一般发病越早，危害程度越重，损失越大。

甘薯疮痂病的病原有性态[*Elsinoe batatas* (Sawada) Vie-

gas et Jenkins]称甘薯痂囊腔菌,属子囊菌亚门真菌。无性态(*Sphaceloma batatas* Sawada)称甘薯痂圆孢菌,属半知菌亚门真菌。子囊球形,大小10～12微米×15～16微米,具4～6个子囊孢子;子囊孢子无色,稍弯曲,具隔膜,大小3～4微米×7～8微米;分生孢子梗长6～8微米;分生孢子长椭圆形,大小2.5～3.5微米×6～7.5微米。此外有报道甘薯链霉菌(*Streptomyces ipomoea*)也是该病病原。

【症状】甘薯疮痂病危害幼叶、芽、蔓及薯块。叶片染病后变形向内卷曲,严重时皱缩变小,不能伸展,呈扭曲畸形。茎蔓被害后初为紫褐色圆形或椭圆形突起的疮疤,后期凹陷,严重时疮疤连成片,生长停滞,折断受害严重的藤蔓乳汁稀少。在潮湿的环境中,病斑表面长出粉红色毛状物,系病菌的分生孢子盘。薯块表面产生暗褐色至灰褐色小点或干斑,干燥时疮痂易脱落,残留疹状斑或疤痕,造成病斑附近的根系生长受抑,健部继续生长致根变形。

【传播途径和发病条件】病菌以菌丝体在种薯上或随病残体在土壤中越冬,种薯和土壤均可传病。我国南方有些地方有直接剪秧栽插过冬培育薯苗,以及采用老秧留种进行育苗的习惯,所以病菌可以在薯秧上安全越冬。早春病秧上产生的分生孢子借风雨、气流传播,由皮孔或伤口侵入,当块茎表面形成木栓化组织后则难以侵入。病菌在15℃以上时开始活动,25～28℃为最适温度。在我国南方省区的4～10月均可致病,尤以6～9月为病害流行盛期。湿度是病菌孢子萌发和侵入的重要条件,故每当连续降雨或台风暴雨,往往出现发病高峰。品种间抗病力的强弱差异很大。地势和土质与发病也有很大关系,山顶、山坡地比山脚、过水地等发病轻;旱地比洼地发病轻;沙土、沙质壤土比黏土轻;排水良好的土地比排水不良的土地发病轻；轮作能减轻病害发生。

【防治方法】

(1)选用抗病品种，用无病薯(蔓)育苗。建立无病苗圃，防止病薯(苗)外调或引进。

(2)提倡施用酵素菌沤制的堆肥，多施绿肥等有机肥料或施入土壤添加剂 SH 有抑制发病的作用。

(3)实行 4～6 年轮作。

(4)发病初用 50%多菌灵可湿性粉剂 600 倍液、50%苯菌灵可湿性粉剂 1500 倍液，每亩喷兑好的药液 50～60 升，隔 10 天1 次，连续防治 2～3 次。

### (五)甘薯软腐病

【分布与危害】甘薯软腐病是甘薯贮藏期发生比较普遍的主要病害之一。分布广泛，全国各甘薯生产区均有发生，主要由黑根霉菌(*Rhizopus nigricans* Ehvb.)引起，能危害多种作物。

【症状】俗称水烂。是采收及贮藏期重要病害。染病薯块患病初期薯肉内组织无明显变化，之后在薯块表面长出灰白色霉，后变暗色或黑色，病组织变为淡褐色水浸状，后在病部表面长出大量灰黑色菌丝及孢子囊，黑色霉毛污染周围病薯，形成一大片霉毛，病情扩展迅速，约 2～3 天整个块根即呈软腐状，发出恶臭味。

【发病规律】该病菌存在于空气中或附着在被害薯块上或在贮藏窖内越冬，为初次侵染源。病菌从伤口侵入，病组织产生孢囊，孢子借气流传播，进行再侵染。薯块损伤、冻伤，易于病菌侵入。温度 15～25℃，相对湿度 76%～86%，有利于病害发生。气温 29～33℃，相对湿度高于 95%，不利于孢子形

成及萌发，但利于薯块愈伤组织形成，因此发病轻。

【防治方法】软腐病菌腐生性强，到处都有分布，极难清除，因而在防治上应采取措施，防止薯块遭受冷害和破伤，增强薯块抗病能力，杜绝病菌侵染途径。具体措施：

(1)清洁薯窖，消毒灭菌。旧窖要打扫干净，然后用硫黄熏蒸(每立方米用硫黄15克)。

(2)适时收获，适时入窖，避免霜害。夏薯应在霜降前后收完，收薯宜选晴天。做到当天收获当天入窖，防止薯块受到冷害。在收获贮藏过程中要轻挖、轻装、轻运、轻卸，尽量减少薯块破伤，确保甘薯具有良好的贮藏品质，为安全贮藏奠定基础。

(3)科学管理。对窖贮甘薯应据甘薯生理反应及气温和窖温变化进行三个阶段管理。一是贮藏初期，即甘薯发干期，甘薯入窖10～28天应打开窖门换气，待窖内薯堆温度降至12～14℃时可把窖门关上。二是贮藏中期，即12月至翌年2月低温期，应注意保温防冻，窖温保持在10～14℃，不要低于10℃。三是贮藏后期，即变温期，从3月份起要经常检查窖温，及时放风或关门，使窖温保持在10～14℃之间。

(4)采用大屋窖贮藏方式的可结合防治黑斑病进行高温愈合处理。

### (六)甘薯干腐病

【分布与危害】甘薯干腐病，是甘薯贮藏期的主要病害之一。江苏、浙江、山东、四川等省发生普遍。该病的病原菌有数种，都是属于半知菌亚门，主要由甘薯尖镰孢菌(*Fusarium oxysporum* Schlecht)等引起。病菌主要从伤口侵入，菌丝体在薯块内部蔓延，破坏组织，使之干缩成僵块。当湿度高时，在薯块空隙间产生菌丝体和分生孢子，并从组织内经表面裂缝长出白粉至粉红色霉状物。严重时全窖发病，损失严重。

【症状】该病在收获初期和整个贮藏期均可侵染危害。发病初期，薯皮不规则收缩，皮下组织呈海绵状，淡褐色，后期薯皮表面产生圆形病斑，黑褐色，稍凹陷，轮廓有数层，边缘清晰。剖视病斑组织，上层为褐色，下层为淡褐色糠腐。一般是从甘薯末端开始形成坚硬的棕褐色的腐朽状，最后变皱缩干硬，表面产生丘疹状突起，黑色小点覆盖整个表面。在贮藏后期，该病菌往往从黑斑病病斑处入侵而发生并发症。

【发病规律】病菌在种薯上和土壤中越冬，为第二年初侵染病源。用病薯育苗，可直接侵染幼苗。带菌薯苗在田间呈潜伏状态，成熟期病菌通过维管束到达薯块。发病适温为20～28℃，32℃以上病情停止发展。

【防治方法】

(1)培育无病种薯。选用三年以上的轮作地作为留种田。

(2)适时收获，适时入窖，避免霜害；清洁薯窖，消毒灭菌。旧窖要打扫清洁，然后用硫黄熏蒸(每立方米用硫黄 15 克)；大屋窖贮藏的可在入窖初期进行高温愈合。

### (七)甘薯紫纹羽病

【分布与危害】甘薯紫纹羽病俗称“红筋网”“留皮”等。主要分布于浙江、福建、江苏、山东、河北、河南等地。由甘薯桑卷担子菌(*Helicobasidium mompa* Tanaka)引起，除危害甘薯外，还侵染马铃薯、棉花、大豆、花生、苹果、梨、桃、葡萄、桑、茶等多种作物。根系从尖端开始发病，逐渐向上发展，最后枯死。病薯块和薯拐起初缠绕着绵白色的根状菌索，后转为粉红色或褐色，最后变为紫褐色，网布的菌索密结于薯块表面，

容易剥落，并形成紫褐色丝绒状的子实体。病薯自下而上、自外向内逐渐腐烂，发出酒糟气味，薯皮因包有菌膜而质地坚韧，故病薯块最后成空心僵壳。地上部的症状是，叶片渐次向上发黄脱落。

【发病规律】致病菌为桑卷担菌。菌丝初时无色，老熟后紫褐色。菌丝集成的菌索长纱线状，不规则分枝。菌索后期集结形成子实体，上有发达的子实层，在子实层上并列着生着担子，担子圆筒形，担孢子单胞，无色，长卵形。病菌在土壤中适应性强。植株缺肥，生长不良发病重。与桑、茶混种或间作容易发病，甘薯连作发病加重。酸性土壤利于发病。病菌以菌丝体、菌索、菌核附着在种薯表皮、病拐子上或以拟菌丝遗落土中越冬。病菌在土中可存活4年。翌年越冬菌索和菌核产生菌丝体，菌丝体集中形成的菌丝束，在土壤中延伸，接触寄主的根后即可侵入危害。一般先侵染新根的柔软组织，后蔓延到主根。病、健根接触或从病根上掉落到土壤中的菌丝体、菌核等形成再侵染。由土壤或雨水、灌溉水流也可近距离传播。秋季多雨、潮湿年份发病重。沙质土、土层薄浅地、连作地、低洼积水地、漏水地发病重。

【防治方法】

（1）严格挑选种薯，剔除病薯，无病土育苗。

（2）不宜在发生过紫纹羽病的桑园、果园以及大豆、马铃薯等地块栽植甘薯。最好甘薯与粮食作物倒茬。重病地应与禾本科作物进行4年以上轮作。

（3）土壤消毒，并调节土壤酸碱度。每亩施生石灰200千克进行土壤消毒，调节土壤酸碱度，增强防病的作用。增施有机肥料，提高土壤肥力和改良土壤结构，提高土壤保水保肥能力，增强抗病力。

(4)田间发现病株,应及早挖去,不要等到形成菌核再挖。并应将带菌土壤一并挖尽,再填入无病土。病株周围土壤灌20%石灰水消毒。

(5)发病初期在病株四周开沟阻隔,防止菌丝体、菌索、菌核随土壤或流水传播蔓延。

(6)发病初期可用36%甲基托布津悬浮剂500倍液,或50%多菌灵可湿性粉剂1500倍液,或40%纹枯利可湿性粉剂1000倍液,或60%防霉宝水溶性粉剂800倍液灌根。

## (八)甘薯黑痣病

【分布与危害】甘薯黑痣病又称甘薯黑皮病,由于不科学的引种、连作和栽培措施不当等,引起该病在有些地方较普遍地发生。甘薯黑痣病主要由种薯、薯拐和土壤传播,在低洼地、黏土地和降水集中、偏多的年份发生严重,病原可在土壤中存活2~3年以上,也可以通过种薯种苗寄生传播。甘薯黑痣病在各地均有发生。

甘薯黑痣病病原菌(*Monilochaetes infuscans* Ell. et Halstex Harter),属半知菌亚门真菌。甘薯黑痣病病原菌主要侵染块根表层,发病初期薯块表皮开始形成淡褐色小斑点,以后逐渐扩大成灰色和黑色不规则大病斑,并产生黑色霉层。严重时失水,皱缩并龟裂。病斑仅限于皮层,不深入组织内部,不妨碍食用,无苦味,但对发芽有影响,商品性差。有些人误认为是施化肥所致。

【发病规律】病菌主要在病薯块、薯藤上或土壤中越冬。翌春育苗时,引致幼苗发病,以后产生分生孢子侵染薯块。该菌可直接从表皮侵入,病菌适宜在30~32℃下传播。夏季雨水多,土壤黏重,地势低洼或排水不良及盐碱地地发病重。

【防治方法】甘薯黑痣病防治以综合防治为主，选用无病种薯，培育无病壮苗，建立无病留种田，实行3年以上轮作制，采用高畦或起垄种植，注意排涝，减少土壤湿度，增加土壤通透性，减少病菌的存活率。栽种时薯苗用多菌灵等杀菌剂稀释液浸苗。

### (九)甘薯斑点病

【分布与危害】我国南北甘薯种植地区都有发生，是甘薯叶部常见的一种病害。由甘薯叶点霉菌[*Phylosficta batatas* (Thum)Cooke]侵染所引起。发生严重时叶片局部或全部枯死。叶上病斑圆形至不规则形，初期红褐色，后变黄褐色或灰色，边缘稍隆起，斑中散生小黑点，即病原菌的分生孢子器。

【发病规律】北方地区病原菌以菌丝和分生孢子器在病残体上越冬，第二年散出分生孢子传播侵染。南方周年种植甘薯，病叶上分生孢子借雨水传播重复侵染。雨水多，田间湿度大，发病重。

【防治方法】一是清除病残体；二是发病初期用65%代森锌可湿性粉剂400～600倍液，或70%甲基托布津可湿性粉剂1000倍液喷雾防治，每隔5～7天喷1次，共喷2～3次。

## 第二节　其他病害

### (一)甘薯瘟病

【分布与危害】甘薯瘟病又名甘薯细菌性萎蔫病、烂头、发瘟。多发生在长江以南各薯区。它蔓延很快，损失严重，是甘薯的毁灭性病害。发病轻的减产30%～40%，重的可达70%

～80%，甚至绝产，被列为国内检疫对象。瘟病菌是好气性菌，在水田里只能生存1年左右，在旱地里可存活3年。

【症状】该病是一种萎缩型病害，从育苗到结薯期都能发生，病菌从植株伤口或薯块的须根基部侵入，破坏组织的维管束，使水分和营养物质的运输受阻，叶片青枯垂萎。虽然整个生长期都能危害，但各个时期的症状不同。

(1)苗期。用带病种薯育苗，当苗高15厘米左右时，植株上的1～3片叶首先开始凋萎，苗基部呈水渍状，以后逐渐变成黄褐色乃至黑褐色，严重的青枯死亡。

(2)大田生长期。病苗栽后不发根，几天后枯死。健苗栽后，当蔓长30厘米左右时，病菌从伤口侵入，以致叶片暗淡无光泽，晴天中午萎蔫。茎基部和入土茎部，特别在有伤口的地方，呈明显的黄褐色或黑褐色水渍状，纵剖病茎，维管束变成条状的黄褐色，严重者地下茎部枯死，仅存纤维组织或全部腐烂。生长后期，茎蔓各节长出许多不定根，病株叶片不明显萎蔫，但基部的1～3个叶片往往变黄，且地下拐子附近明显呈黄褐色。提起蔓扯断不定根后，植株很快青枯死亡。多数须根出现水渍状，用手拉易脱皮，仅留下线状纤维。

(3)薯块。早期感病的植株，一般不结薯或结少量根薯，后期感病的根本不结薯。感病轻的薯块症状不明显，但薯拐呈黑褐色纤维状，根梢呈水渍状，手拉容易脱皮。中度感病的薯块，病菌已侵入薯肉，蒸煮不烂，失去食用价值，群众称为“硬尸薯”。感病重的，薯皮发生片状黑褐色水渍状病斑，薯肉为黄褐色，严重的全部烂掉，带有刺鼻臭味。

【传播途径】在温度20～40℃范围内，瘟病菌都能繁殖，以27～35℃和相对湿度80%以上生长繁衍最快，危害也最重。南方各薯区在4月下旬至10月末的高温、高湿季节，都是传

播发病时期，6—9 月是发病盛期。传播媒介很广，通过病苗、病薯、带菌土、肥料和流水等都能带菌传播。

【防治方法】

(1)严格检疫，搞好病情调查，划分病区，禁止疫区薯(苗)出境上市销售，防止扩大蔓延。建立无病留种地，培育无病壮苗。

(2)合理轮作，水旱轮作，或与小麦、玉米、大豆等作物轮作，是防病的最好方法之一，但不要和马铃薯、烟草、番茄等茄科作物轮作。

(3)选用抗病品种，如华北 48、新大紫、南京 92、广薯 62、广薯 70-9、荆选 4 号、湘薯 6 号、湘薯 75-55、闽抗 330 等。禺北白、新种花、胜利 100 号等品种容易感病，在疫区不要种植。

### (二)甘薯茎线虫病

【分布与危害】甘薯茎线虫病又叫空心病、糠心病、黑梆子、浊皮病等，该病可寄生危害地下薯块和地上茎蔓，造成烂种、死苗、烂床、烂窖。对产量影响很大，严重的可造成绝产。除危害甘薯外，还侵染危害马铃薯、花生、大豆、豌豆、蚕豆、大麦、燕麦、黑麦、草莓、蓖麻、小旋花、蒲公英、黄蒿、甜菜、三叶草、紫云英等 300 余种植物。甘薯茎线虫病是我国主要检疫对象之一。

【症状】甘薯茎线虫病可以寄生危害薯茎和薯块。薯苗被害，多在近地表基部变青，没有明显的边缘和病斑。剥开茎部可见黑白相间的糠心，严重者糠心到顶。但当虫口数量少或侵入时间短时，症状则不明显。薯茎被害后，主茎基部外面发生黄褐色龟裂斑块，内部呈褐色糠心，严重者糠心到顶端，一般多发生在近地面 510 厘米处，病株蔓短，叶黄，生长迟缓，甚

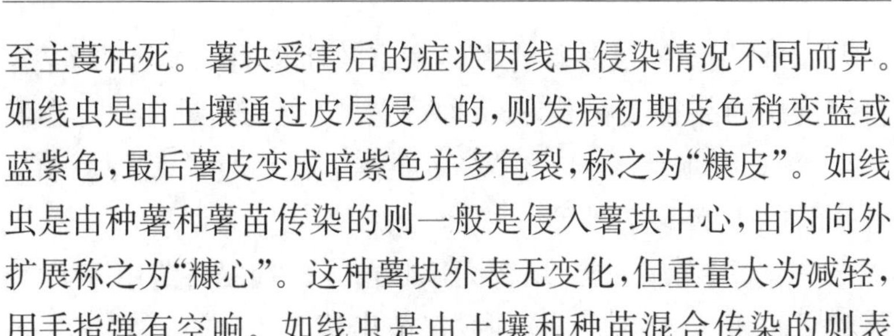



至主蔓枯死。薯块受害后的症状因线虫侵染情况不同而异。如线虫是由土壤通过皮层侵入的，则发病初期皮色稍变蓝或蓝紫色，最后薯皮变成暗紫色并多龟裂，称之为"糠皮"。如线虫是由种薯和薯苗传染的则一般是侵入薯块中心，由内向外扩展称之为"糠心"。这种薯块外表无变化，但重量大为减轻，用手指弹有空响。如线虫是由土壤和种苗混合传染的则表皮、薯块心部同时被害，症状明显，有时造成薯块"干腐"，或与软腐病混合发生，造成"湿腐"。

【发病规律及传播途径】该病是由甘薯茎线虫(*Ditylenchus destructor* Thorne)引起。甘薯茎线虫属于侧尾腺口线虫亚纲，垫刃线虫目，粒线虫科。其头部有铁钉状的口针，它用口针穿透甘薯的根部组织，钻到薯块内部，取食营养，使薯内组织形成灰白褐相间的空洞。线虫一生有成虫、卵、幼虫三个时期，可以终年繁殖。所以无论是甘薯生长期，还是储藏期均能危害。自产卵孵化至成虫完成一代需 20～30 天。甘薯茎线虫以卵、幼虫和成虫在薯块和茎内越冬，也可以幼虫在土壤和肥料内越冬，成为第二年的初侵染源。病原能直接通过表皮或伤口侵入。此病可借雨水和农具短距离传播，远距离传播主要是调种。其生长的最适宜温度是 25～30℃，51℃干热处理 24 小时或 49℃温水浸泡 10 分钟则全部死亡。其生活特点可概括为"抗冻怕热喜欢温和，喜湿耐干抗药力强"。其病发生规律为：春薯重于夏薯，连作重于轮作，旱薄地重于肥水地，阴坡重于阳坡，丘陵旱地和沙质壤土发病最严重。品种间抗病性差异较大。

【防治方法】

(1)加强检疫，实行严格的检疫制度，严禁从病区调运种薯、种苗，防止疫区扩大。

(2)选用抗病品种是比较经济有效而又简单可行的方法，目前抗病的品种有高淀粉品种豫薯13号、豫薯12号、鲁薯3号、济135、烟薯6号、鲁薯78066等，优质食用品种苏薯8号、郑红11、鲁薯7号等。

(3)选用无病种薯，培育无病壮苗。药剂浸薯苗用30%辛硫磷微胶囊5倍液浸5分钟或每亩用药1千克进行穴施。药剂处理土壤可有效防治茎线虫病的发生，并兼治其他虫害。

(4)轮作倒茬，重病地区应实行轮作，甘薯与小麦、玉米、谷子、棉花、烟草互相轮作，隔3年以上不种甘薯，能基本控制茎线虫的发生危害。

(5)消灭虫源，在每年育苗、栽插和收获时，清除病薯块、病苗和病株残体，集中晒干烧掉或煮熟做饲料。病薯皮、洗薯水、病地土、病苗床土都不要做沤粪材料，若要做肥料需经50℃以上高温发酵。

### (三)甘薯根结线虫病

【分布与危害】甘薯根结线虫病，俗称“地瘟病”。主要分布在山东崂山、胶南、淄博、威海、莱阳、荣成和浙江的丽水、福建的平潭等地。此病虽然发生面积小，但危害严重。病区一般减产20%，重者绝产。也是植物检疫对象之一。这种线虫除寄生危害甘薯外，还侵害冬瓜、南瓜、黄瓜、烟草、茄子、番茄、马铃薯、大豆、长豇豆、绿豆、菜豆、菠菜、芋等47科160种植物。

【症状】根结线虫危害甘薯后，总的特点是：地下部根系发生严重变形，地上部生长停滞。地下部受害后支根粗肿，须根丛生，细根上长有虫瘿。薯块表面粗糙不整齐，发生严重畸形。根据症状轻重可以分为三种类型。龟裂型：薯块呈褐色，有眉眼状龟裂；棒根型：薯块有长约30厘米、粗1.2厘米的歪歪扭扭的棒状肉质根；线根型：只有长线状牛蒡根，不结薯，群众称线梗子。地上部因根部得病才引起，苗期蔓节短，植株直立，叶变黄，故有地黄病、不倒旗之称。如天气干旱，症状出现得快而明显。被害根容易腐烂。后期叶片由下而上发黄脱落，茎基部粗糙而开裂，不久蔓局部或全部枯萎。发病初期遇到降雨时，地下部老蔓能再生新根，地上部蔓则又开始生长。所以，病轻时或遇雨期，地上部症状多不明显。

【发病规律及传播途径】此病由甘薯根结线虫（*Meloidogyne incognita* var. *acrita* Chitwood）寄生所引起。甘薯根结线虫属侧尾腺口线虫亚纲，垫刃目，异皮线虫科。这种线虫一生分为成虫、卵和幼虫三个时期。幼虫分为四期，第一期虫体微小，卷曲潜伏于卵壳中，脱皮外出时留一层皮在卵壳中；感染二期线虫呈线形，无色透明，长约390微米，宽14.5微米，能在土中自由而缓慢地活动；寄生二期幼虫，已经侵入寄主植物的内部，体稍肥大，呈豆荚形；第三期幼虫和第四期幼虫都在寄主植物体内形成，体肥大而缩短，雌雄开始异态。甘薯根结线虫可在土壤、薯块及野生寄主的宿根上越冬。在土壤内的分布情况是：越冬二期幼虫主要分布在30厘米土层内，其密度占48.90％～54.60％，其次是在20厘米土层内，占29.20％～36.30％，再次是在10厘米土层。雌线虫可以在薯块尾部和皮层内越冬，有病的种薯、种苗是远距离传播的主要媒介。老病区的初次侵染源，主要是土壤、流水、农具和牲畜活动，刮风时，尘土飞扬也可以成为传播媒介，但其传播距离有限。越冬幼虫主要从根的根冠侵入主根内，其侵染温度为14℃左右。据青岛农业科学研究所观察，完成一代约需40～56天。温度可以影响线虫发生的代数和活动情况，在土

温高的情况下一年可完成四代，土温低一年完成三代。幼虫在土温10℃时停止活动，最适宜发育温度为23～28℃。土壤过湿过干都不利其生存。土质疏松、含有机质多的沙壤土最适宜线虫活动与侵染，因此这类地块发病严重。土质过沙，缺乏有机质的沙砾土，或土质过黏，含水量过高，通透性差的黏土及低洼地，均不适于线虫的活动，故病轻。

【防治方法】

(1)摸清疫区在收获时，应将连作的丘陵地、江河两岸、沙地和沙质土地，以及种植的遗字138、胜利百号、52-45、辽宁224等重感品种，作为重点调查对象。在田间先目测可疑病株，然后查看地下部有无根结、龟裂等症状；发现有雌线虫后，再用对角线或五点取样法调查病株率。在调查的基础上，准确划出疫区范围；疫区内的种薯、种苗不应调往非疫区。

(2)建立无病留种地，培育无病壮苗，搞好田间卫生。选择无病地和轮作三年以上的地块作留种地，并用无病种薯及净粪培育无病壮苗。及时清理田间杂草，在收获期将病残体深埋或烧毁。

(3)轮作换茬可与玉米、高粱、谷子轮作，年限要长些，才能收到良好的效果。

(4)推广抗病品种。目前生产上推广的品种有青农1号、青农2号、青农3号，其中青农1号属高抗品种。

(5)土壤消毒。每亩用80%二溴氯丙烷1.5千克兑水100～150千克配成药液，在栽插前20天开沟(深15～20厘米)施入沟内，立即覆土盖紧，20天后起垄栽插。此外，据初步试验，每亩用20～40千克DD'混剂，5～7.5千克棉隆，1.5～2.5千克除线特，也有一定的防病效果。

## 第三节 甘薯病毒病

甘薯病毒病症状与毒原种类、甘薯品种、生育阶段及环境条件有关。可分6种类型。一是叶片褪绿斑点型：苗期及发病初期叶片产生明脉或轻微褪绿半透明斑，生长后期，斑点四周变为紫褐色或形成紫环斑，多数品种沿脉形成紫色羽状纹。二是花叶型：苗期染病初期叶脉呈网状透明，后沿叶脉形成黄绿相间的不规则花叶斑纹。三是卷叶型：叶片边缘上卷，严重时卷成杯状。四是叶片皱缩型：病苗叶片少，叶缘不整齐或扭曲，有与中脉平行的褪绿半透明斑。五是叶片黄化型：形成叶片黄色及网状黄脉。六是薯块龟裂型：薯块上产生黑褐色或黄褐色龟裂纹，排列成横带状或贮藏后内部薯肉木栓化，剖开病薯可见肉质部具黄褐色斑块。

【病原】国际上已报道有20余种，国内对江苏、四川、山东、北京、安徽、河南等6省检测，明确了我国甘薯上主要毒原有5种。*Sweet potato feathery mottle virus* 简称SPFMV，称甘薯羽状斑驳病毒。病毒粒子弯曲长杆状，长830～850纳米。其株系有SPEMV-RC(褐裂株系)、SPFMV-IC(内木栓株系)、SPEMV-CLS(褪绿叶斑株系)，其生物学性状和致病性表明它是一种马铃薯Y病毒。该病毒可由机械和蚜虫传毒，可侵染甘薯等8种旋花科植物。*Sweet potato latent virus* 简称SPLV，称甘薯潜隐病毒。病毒粒子为弯曲长杆状，长700～750纳米，蚜虫、粉虱不能传毒。*Sweet potato yellow dwarf virus* 简称SPYDV，称甘薯黄矮病毒。病毒粒子为弯曲长杆状，长750纳米，该病毒由机械和青麻粉虱(*Rialeurodes abutionea*)及烟粉虱(*Bemisia tabaci*)传毒。*Sweet potato*

*vein clearing virus* 简称 SPVCV，称甘薯明脉病毒。病毒粒子为丝状体，长度 850 纳米。台湾报道该病毒可由烟粉虱传播，机械不能传染，寄主范围较窄。此外，我国福建、台湾还有甘薯丛枝病毒病，是由马铃薯 Y 病毒和类菌原体复合侵染引起的，发病率 10%～80%，严重的造成绝收。甘薯丛枝病毒粒子线状，直径 16～18 纳米，具空心结构，长短不一，一般长度 100 纳米，最长的可达 6000 纳米。类菌原体大小 200～1000 纳米。类菌原体也可单独引发丛枝病。除上述毒源外，甘薯上还分离到烟草花叶病毒（TMV）、黄瓜花叶病毒（CMV）、烟草条纹病毒（TSV）等毒原。

【传播途径和发病条件】甘薯病毒薯苗、薯块均可带毒并随调种进行远距离传播。田间带毒薯苗作为毒源，由机械或蚜虫、烟粉虱及嫁接等途径传播。其发生和流行程度取决于种薯、种苗带毒率和各种传毒介体种群数量、活力、其传毒效能及甘薯品种的抗性。

【防治方法】

（1）选用抗病毒病品种，如徐薯 18 号、鲁薯 3 号。

（2）用组织培养法进行茎尖脱毒，培养无病种薯、种苗。

（3）大田发现病株及时拔除后补栽健苗。

（4）加强薯田管理，提高抗病力。

（5）发病初期开始喷洒 10%病毒王可湿性粉剂 500 倍液或 5%菌毒清可湿性粉剂 500 倍液、83 增抗剂 100 倍液、20%病毒宁水溶性粉剂 500 倍液、15%病毒必克可湿性粉剂 500～700 倍液，隔 7～10 天 1 次，连用 3 次。

### （一）甘薯羽状斑驳病毒（SPFMV）

甘薯羽状斑驳病毒（*Sweet potato feathery mottle virus*，

SPFMV)是目前已知病毒中最重要的,分布最广的一种病毒。该病毒在热带、亚热带和温带国家都报道过,该病毒早期有多种命名,如褐裂病毒(*Sweet potato russet crack virus*, SPRCV)、甘薯环斑病毒(*Sweet potato ring spot virus*, SPRSV)、甘薯叶斑病毒(*Sweet potato leaf spot virus*, SPLSV)、甘薯内木栓病毒(*Sweet potato internal cork virus*, SPICV)及甘薯病毒 A(*Sweet potato virus* A,SPV-A),上述不同命名的病毒在传毒媒介、传播方式、寄主范围等方面不仅相互间几乎相同,而且与 Doolittle SP 和 Webb RE 相继报道的嫁接、蚜传、摩擦传播病毒 FMV(*Feathery mottle virus*)特性一致,据此 Campbell 等建议将上述不同名称统一为甘薯羽状斑驳病毒(SPFMV)。

甘薯羽状斑驳病毒(SPFMV)侵染甘薯产生的症状类型多与寄主基因型和环境以及病毒株系或分离物的作用有关。一般品种可在叶片上表现褪绿斑,有的品种表现明脉,紫色素较重的品种可出现紫斑、紫环斑,老叶上症状比较明显。此外,甘薯羽状斑驳病毒的某些株系在一些品种上也可引起薯块表面的褐色开裂或薯块内木栓化坏死。在指示植物巴西牵牛(*Ipomoea setosa*)上则表现明脉、叶脉变色和褪绿斑。

甘薯羽状斑驳病毒可通过汁液摩擦、嫁接方式传播,亦可经棉蚜(*Aphis gossypii*)、桃蚜(*Myzus persicae*)、萝卜蚜(*Aerysimi*)等蚜虫以非持久性方式传播,但种子传播的可能性很低。

甘薯羽状斑驳病毒粒子为弯曲杆状,一般长度为 830～850 纳米,外壳蛋白的分子量约为 $3.65\times10^4$ 道尔顿,为马铃薯 Y 病毒组成员。该病毒的褐裂病毒株系(RCV)、内木栓病毒(ZSV)、褪绿斑病毒(CLSV)的弯曲杆状粒体的长度分别为

834±39、838±38、845±32 纳米。寄主范围仅限于旋花科(如*Ipomoea* spp)和藜科苋色藜、昆诺藜(*C. amaranticolor* & *C. quinoa*)植物。某些株系也感染茄科植物烟草(如 *Nicotiana bethamiana* 和 *N. clevelandii*)(Lawson 等，1988；Moyer&Salar，1989；Vetten，1989)。该病毒体外失活温度为 60～65℃，稀释限点在 $10^{-5}$～$10^{-3}$，体外存活期不超过24 小时。

### (二)甘薯轻斑驳病毒(SPMMV)

甘薯轻斑驳病毒(*Sweet potato mild mottle virus*，SPMMV)是 1976 年由 Hollings. M 等在非洲从显示斑驳、叶脉褪绿、生长矮缩的甘薯叶片上分离出来的。最早称为甘薯病毒T(*Sweet potato virus*-T，SPV-T)，和已报道的甘薯病毒 B(*Sweet potato virus* B)极为相似。该病毒不蚜传，不种传，而是以烟粉虱为传媒介体，寄主范围很广，很容易通过汁液传播到多种草本植物上，可侵染 14 个科中的 45 种植物，其中心叶烟(*N. glutinosa*)和普通烟(*N. tabacum*)受该病毒感染后，显示明脉，叶片卷缩、扭曲；侵染旋花科产生明显的局部斑。在普通烟汁液中保持其侵染活性的稀释限点为 $10^{-3}$，灭活温度为 60℃，在 18℃下体外存活 3 天，而在 2℃时，侵染活性可保存 42 天。该病毒粒体为丝状，长 800～950 纳米，外壳蛋白的分子量为 $3.77\times10^{4}$ 道尔顿，基因组为单链 RNA，属马铃薯 Y 病毒科的花叶病毒组(Brunt 等，1996)。

### (三)甘薯潜隐病毒(SPLV)

甘薯潜隐病毒(*Sweet potato latent virus*，SPLV)最早是由台湾报道的(Liao 等，1979)，当时被称为甘薯病毒 N(*Sweet potato virus*-N, SPV-N)该病毒侵染甘薯后多数品种不产生明显的叶部症状,某些品种仅产生轻度的斑驳。它容易通过汁液传播到旋花科(*Ipomea setosa* ,*Ipomea nil*);藜科植物(*C. amaranticolor*, *C. quinoa* 及 *C. murale*);茄科植物(*N. debneyi*, *N. benthamiana*, *N. megalosphon*, *N. repanda*, *N. tabacum* Xanthi 等);被甘薯潜隐病毒侵染的昆诺藜以及苋色藜显示褐色坏死斑和黄绿相间的花叶。该病毒不被种子携带,但某些株系可以通过蚜虫进行传播(Usugi, 1991)。它是一种以隐位方式出现在蚜传的马铃薯 Y 病毒组中的病毒。该病毒丝状粒体长度在 700～750 纳米之间,外壳蛋白的分子量为 $3.6\times10^4$ 道尔顿,稀释限点为 $10^{-3}\sim10^{-2}$,失活温度为 60～65℃,25℃下体外存活期不超过 24 小时。在血清学上,该病毒与其他侵染甘薯的病毒不同,也与其他马铃薯 Y 病毒组 17 种病毒不同(Moyer&Cali, 1985; Moyer&Kenndy, 1978)。甘薯潜隐病毒和甘薯羽状斑驳病毒密切相关,同属马铃薯 Y 病毒组中典型的蚜传成员(Hammond 等, 1992)。该病毒能产生胞质内含物,这是马铃薯 Y 病毒组的一个特征。

### (四)甘薯脉花叶病毒(SPVMV)

甘薯脉花叶病毒(*Sweet potato vein mosaic virus*, SPVMV)仅在阿根廷报道过。甘薯感染该病毒后表现明显的明脉、花叶和矮化,甘薯结薯较少。*Ipomea setosa* 感染后,叶片出现变形、变小和褪绿,寄主范围仅限于旋花科植物,病毒粒体为弯曲杆状,长度 761 纳米,明显比 SPFMV 粒体短。可通过机械和蚜虫非持久性传播(Nome 等, 1974)。

## (五)甘薯黄矮病毒(SPYDV)

甘薯黄矮病毒(*Sweet potato yellow dwarf virus*, SPYDV)最早是由台湾 Chung 等报道的(1986)。受病毒侵染的叶片症状表现为斑驳、褪绿和植株矮化,在肥力较差和低温条件下有利于发病,感病植株的薯块发育不良。该病毒通常与甘薯羽状斑驳病毒混合发生。其寄主除旋花科植物外还包括千日红、胡麻、曼陀罗和望江南决明,侵染 *Ipomea setosa* 能引起植株生长发育不良,叶片普遍褪绿。甘薯黄矮病毒粒体长 750 纳米,可通过汁液和白粉虱传播,在被感染的甘薯叶片中形成胞质内含体。

## (六)甘薯类花椰菜花叶病毒(SPCLV)

甘薯类花椰菜花叶病毒(*Sweet potato caulimolike virus*, SPCLV)最初是从波多黎各的甘薯普利茗品种上分离得到的,其后马德拉岛(非洲)、新西兰、巴布新几内亚和所罗门群岛(西太平洋)等地也发现该病毒。受该病毒感染的甘薯不表现典型症状,在嫁接感染的 *Ipomea setosa* 上早期的症状包括沿次脉再现褪绿斑点和脉间褪绿斑,进而发展成大面积的褪绿,最终导致植株枯萎和幼叶死亡。甘薯类花椰菜花叶病毒粒体为直径约 50 纳米的球状粒子,包含一个分子量为 42～44 千道尔顿的多肽和 dsRNA,为典型的甘薯类花椰菜花叶病毒,但有些内含体却相似于联体病毒组(*Geminiviruses*),病毒诱导形成纤丝环状内含体。在被感染的植株外皮及维管束薄皮细胞中,该病毒的粒子及由该病毒形成的特征性胞内物质很容易被检测到。超微结构表明,被感染植物的薄壁细胞内含物有时突出,这样易引起相邻的木质部导管发生阻塞而导致感病叶片的萎蔫及脱落。该病毒的传毒媒介尚不清楚。

### (七)甘薯褪绿矮化病毒(SPCSV)

甘薯褪绿矮化病毒(*Sweet potato chlorotic stunt virus*，SPCSV)还叫作甘薯黄化病毒(SPVDC)(Winken 等,1992;Pio—Ribeiro 等,1996)和甘薯脉陷病毒(*Sweet potato sunken vein virus*,SPSVV)(Cohen 等,1992)。该病毒在世界上分布广泛,亚洲、美洲和非洲的甘薯上均检测到该病毒,而且在血清学反应上密切相关。甘薯褪绿矮化病毒侵染甘薯叶片一般不表现症状,可引起叶脉凹陷。*I. setosa* 感染病毒后,叶片表现变小黄化、脆裂,有时也表现叶片向内卷曲,植株矮化。典型的黄化和矮化症状在夏季(23～35℃)(Winter 等,1992)较明显。该病毒为线状粒体,长 850～950 纳米,外壳蛋白分子量为 25～34 千道尔顿的多肽。白粉虱可将病毒传播到黄瓜、茄子、番茄、辣椒、冬瓜、豆类、莴苣等植物上。

另外,1988 年 Brunt 和 Brown 等在加勒比海从表现矮化和褪绿甘薯上分离到一种马铃薯 Y 病毒组病毒也暂命名为 SPCSV。该病毒在肯尼亚、乌干达(Wambugu,1991)和津巴布韦(Chavi,1997)检测到过。该病毒不能通过蚜虫传播,但可汁液传播到许多草本植物上,*N. benthamiana* 是很好的繁殖寄主,而 *C. amaranticolor* 和 *C. quinoa* 则是很好的局部坏死诊断寄主。该病毒粒体长度 850～950 纳米,含有 ssRNA 和一条分子量为 43 千道尔顿的简单多肽外壳,能产生胞汁内含体(风轮体)。

### (八)甘薯褪绿斑点病毒(SPCFV 或 C-2)

甘薯褪绿斑点病毒(*Sweet potato chlorotic fleck virus*,

SPCFV)是国际马铃薯中心(CIP)从秘鲁甘薯种质收集库的DLP942上分离得到的一种病毒,以前的编码命名为C-2。在甘薯叶片上表现典型的褪绿斑点(Fuentes和Salazar,1992),可汁液接种传毒。寄主范围包括旋花科和藜科植物。接种*I. nil*的子叶后,能在第一和第二片真叶上引发典型的褪绿斑和明脉症状,*I. setosa*可以被侵染,但不产生具有诊断价值的症状,在*Chenopodium murale*上该病毒仅引起局部感染产生大的坏死斑。病毒粒体为丝状,大小约750~800纳米,外壳蛋白分子量为34.5千道尔顿,传播介体不明,存在不同株系。

### (九)甘薯卷叶病毒(SPLCV)

甘薯卷叶病毒(*Sweet potato leaf curl virus*,SPLCV)到目前为止仅在日本和中国台湾省发现。该病毒侵染甘薯后,幼叶沿叶脉或叶尖向上卷曲,下表面有轻微突起现象。该病毒在甘薯生育初期及高温季节表现明显,在低温或生育后期有隐症现象。该病毒侵染甘薯后,引起产量明显下降,但对薯块质量则无影响。寄主范围仅限于旋花科植物,在*I. nil*及*I. setosa*上的反应为叶片向下卷曲、变形。该病毒粒体为双生球形颗粒,其大小约18~20纳米,属*Geminivirus*病毒群。传毒媒介昆虫为粉虱通过嫁接方式可传毒,蚜虫及机械接种不传毒。

### (十)甘薯无病症病毒(SPSV)

甘薯无病症病毒(*Sweet potato symptomless virus*,SPSV)是1991年Tomio Usugi,Masaaki NAKANO等日本人分离出来的一种甘薯病毒,该病毒可通过汁液摩擦接种传播,蚜虫不能传播。寄主范围仅限于旋花科甘薯属植物。

*I. nil* 被感染时叶片出现明脉、坏死、卷曲，该病毒不侵染 *I. setosa*。该病毒有两种粒体，长度分别为 710～760 纳米和 1430～1510 纳米，粒体直径为 13 纳米。病毒感染的 *I. nil* 汁液稀释至1∶100～1∶1000 时，在 20℃下放置一天即失去侵染活性，失活温度为 70～80℃。

### （十一）黄瓜花叶病毒（CMV）

黄瓜花叶病毒（*Cucumber mosaic virus*，CMV）分布广泛，寄主甚多。被该病毒感染的植株表现严重矮化、褪绿和黄化。只有在植株感染甘薯褪绿矮化病毒（SPCSV）后才会发生 CMV 的感染。这表明 CMV 在甘薯中的复制或转移需要另外一种病毒的存在。Wambugu 在肯尼亚和乌干达测定 CMV 时，同时发现了其他病毒。该病毒可机械传播和蚜虫以非持久方式传播。

### （十二）C-3

C-3 是国际马铃薯中心分离的新病毒，可能为黄化病毒组成员，即不能机械传播，也不能蚜传。在 *I. setosa* 上引起花叶、畸形和明脉；在 *N. benthamiana* 上引起黄脉、花叶和畸形。C-3 病毒侵染的甘薯分别出现斑驳（*CV. Paramonguino*）和脉间斑驳（*CV. Georgiared*）。嫁接 *I. nil* 不表现症状。

### （十三）甘薯叶斑病毒（SPLSV 或 C-4）

甘薯叶斑病毒（*Sweet potato leaf specking virus*，SPLSV）是国际马铃薯中心分离的新病毒。分类暂定为黄症病毒属成员。在甘薯上的症状表现为叶部卷曲及白色叶斑。该病毒导致 *I. nil* 和 *I. setosa* 植株矮化、叶片畸形，形成褪绿

斑和坏死斑。可通过嫁接方式传播，但不能机械传播。马铃薯长管蚜(*Macrosiphon enphorbiae*)可以持久性方式传毒，但桃蚜和棉蚜不传播该病毒。该病毒在秘鲁广泛分布(Nakano et al,1992,1994)。从古巴的样品中叶检测到 SPLSV。

### (十四)C-6

C-6 是国际马铃薯中心分离出来的病毒，病毒粒体线条状，长约 750～800 纳米。可通过嫁接传给 *I. setosa*、*I. nil*、*I. batatas* 但不能传给 *D. stura*、*D. stramonium*，*G. globosa* 和马铃薯 DTO33 无性系。该病毒侵染的 *I. setosa* 和 *I. nil* 症状为典型的褪绿斑点和明脉。

### (十五)甘薯轻斑病毒(SPMSV 或 C-8)

甘薯轻斑病毒是国际马铃薯中心从来自阿根廷的表现褪绿、矮化症状的 *CV. moraea* INTA 上分离得到的(Difeo 和 Nome,1990)，在国际马铃薯中心的编码命名为 C-8(Cfuentes 等,1997)。该病毒粒体为线条状，长约 800 纳米，桃蚜以非持久性方式传播，可机械传播，寄主范围限于旋花科、藜科和茄科的植物。*I. setosa* 和 *I. nil* 感染后表现明脉、龟裂、叶片变小、变形和向下卷曲。稀释限点为 $10^{-3}$～$10^{-2}$，热纯化温度 65～70℃，在试管里可存活 2～3 天。

### (十六)马铃薯纺锤形类病毒(PSTVd)

马铃薯纺锤形类病毒(*Potato spindle tuber viroid*，PSTVd)通过机械接种方式可感染甘薯类植物(CIP,1991)。接种 30 天后在出现生长不良和叶片变小的 *I. setosa* 和 *I. nil* 上可以用 NASH 方法检测到 PSTVd 类病毒。Paramonguino

植株感病后，地上部变小，而且块根产量下降（Hurtado，1990）。与类病毒感染其他作物相比，PSTVd在甘薯不结薯的根上可达到较高的浓度（Salazar等，1988）。

### （十七）烟草花叶病毒（TMV）

烟草花叶病毒（*Tobacco mosaic virus*，TMV）侵染甘薯是山东农科院（辛相方等，1997）报道的。该病毒分布广泛，局部侵染心叶烟、曼陀罗、番杏、苋色藜、昆诺藜，系统侵染甘薯、普通烟、番茄、辣椒、*I. setosa*和*I. nil*。钝化温度为90～95℃，稀释限点为$10^{-6}$～$10^{-5}$，体外保毒期3天以上。病毒粒体形态呈直杆状，大小为12纳米×300纳米。

### （十八）甘薯环斑病毒（SPRSV）

甘薯环斑病毒是从巴布亚新几内亚的Wanmum品种中分离出来的。Wambugu（1991）在肯尼亚检测到该病毒。SPRSV在*I. setosa*叶片上引起不甚明显的斑驳（Brown等，1987）。它可通过汁传播到其他茄科植物上，其中*N. benthamiana*和*N. megalosiphon*是最好的繁殖性寄主。通过嫁接接种到Centenniahe和Rose Centennia两个品种上，该病毒在叶片上出现明显的失绿斑块（Brunt&Brown，1988）。

该病毒是直径为28纳米的球状粒子，可沉淀为三个组分，沉淀系数分别为60S、90S和132S，包括一个分子量为56千道尔顿的简单多肽，中间组分（90S）和底部组分（132S）包括C. 6. 670的ssRNA和C. 8. 448的核苷酸。尽管该病毒有线虫传球体病毒的典型特征，但该病毒与其他12种线虫传球体病毒在血清学上没有关系。该病毒及其组分目前已被确认。它可用ISEM和ELISA检测。

**表 8-1 主要甘薯病毒粒体形态、传播媒介和分布**

| 病毒种类 | 形状大小 | 媒介 | 分布 |
| --- | --- | --- | --- |
| SPFMV 马铃薯 Y 病毒组 | 线条状 850 纳米 | 蚜虫 | 全世界 |
| SPVMV 马铃薯 Y 病毒组 | 线条状 760 纳米 | 蚜虫 | 阿根廷 |
| SPV-Ⅱ马铃薯 Y 病毒组 | 线条状 750 纳米 | 蚜虫 | 中国台湾 |
| SPLV 马铃薯 Y 病毒组 | 线条状 750 纳米 | 蚜虫 | 非洲、亚洲 |
| SPMSV 马铃薯 Y 病毒组(C-8) | 线条状 800 纳米 | 蚜虫 | 阿根廷、秘鲁、印尼 |
| SPLSV 黄矮病毒组(C-4) | 球状 30 纳米 | 蚜虫 | 秘鲁、古巴 |
| SPMMV 番薯病毒组 | 线条状 950 纳米 | 白粉虱 | 非洲、印尼、巴布亚新几内亚 |
| SPYDV 番薯病毒组 | 线条状 750 纳米 | 白粉虱 | 中国台湾 |
| SPLCV 杆状病毒 | 杆状 130 纳米×30 纳米 | 白粉虱 | 中国台湾、日本、埃及 |
| SPCSV(SPSVV)黄化病毒组 | 线条状 850～950 纳米 | 白粉虱 | 非洲、中国台湾、以色列、巴西、阿根廷、秘鲁 |
| LCLCV 联体病毒组 | 连体状 | 白粉虱 | 北美 |
| SPCSV/马铃薯 Y 病毒组 | 线条状 850～900 纳米 | | 加勒比海地区、肯尼亚、波多黎各、津巴布韦 |
| SPCFV(C-2,C-5)马铃薯 Y 病毒组 | 线条状 750～800 纳米 | | 秘鲁、日本、巴西、中国、巴拿马、哥伦比亚、玻利维亚、印尼、菲律宾、乌干达 |

**续表**

| 病毒种类 | 形状大小 | 媒介 | 分布 |
| --- | --- | --- | --- |
| SPVG 马铃薯 Y 病毒组 | 线条状 | | 中国 |
| SPCLV 花椰菜花叶病毒组 | 球状 50 纳米 | | 波多黎各、马德拉、所罗门群岛、中国、澳大利亚、巴布亚新几内亚 |
| SPRSV 线虫传球体病毒组 | 球状 25 纳米 | | 巴布亚新几内亚 |
| 类呼肠孤病毒组 | 球状 70 纳米 | | 亚洲 |
| 类等经易变环斑病毒 | 球状 30 纳米 | | 危地马拉 |
| C-3 | 线条状 | | 巴西 |
| C-6 | 线条状 750 ~ 800 纳米 | | 秘鲁、非洲、古巴、多美尼亚 |

# 第九章　甘薯虫害防治技术

## 第一节　地上害虫

### (一)甘薯天蛾

【分布与危害】甘薯天蛾[*Herse convolvuli*（L.）]又名旋花天蛾、白薯天蛾、甘薯叶天蛾，虾壳天蛾，属鳞翅目天蛾科。分布广泛，全国各甘薯生产区均有发生。主要危害甘薯，也取食牵牛花等旋花科植物。幼虫食害甘薯的叶和嫩茎，严重时能把叶吃光，产量影响甚大。

【形态特征】成虫灰褐色，体长 43～52 毫米，翅展 100～120 毫米。前翅灰褐色，上有许多锯齿状纹和云状斑纹，后翅淡灰色，有 4 条黑褐色斜带。雄蛾触角栉齿状，雌蛾触角棍棒状，末端膨大。卵球形，淡黄绿色，直径约 2 毫米。

老熟幼虫体长 100～120 毫米，体色有绿色和褐色，共 5 龄，头顶圆，第八腹节背面有一光滑成弧形的尾角。蛹体长约 56 毫米，朱红色至暗红色，口器吻状，延伸卷曲呈长椭圆形环，与体相接，伸出很长并弯曲呈象鼻状。翅达第 4 腹节末。

【发生规律】在北方薯区 1 年发生 1～2 代，黄淮薯区发生 3～4 代，以老熟幼虫在土中 5～10 厘米深处作室化蛹，以蛹在土下 10 厘米处越冬。第二年 5 月羽化。成虫白天潜伏，黄昏后飞出活动。成虫趋光性强，能迁飞远距离繁殖危害。卵散产于叶背,初孵幼虫有取食卵壳的习性。以8—9月发生数量较多,幼虫取食薯叶和嫩茎,虫龄越高龄食量大,严重时可把叶食光,仅留老茎。在华南的发育,卵期5～6天,幼虫期7～11天,蛹期14天。夏季雨量少,温度高,有利于甘薯天蛾的发生与危害。

【防治方法】

(1)农业措施。冬、春季多耕耙甘薯田,破坏其越冬环境,杀死蛹,减少虫源;早期结合田间管理,捕杀幼虫;利用成虫吸食花蜜的习性,在成虫盛发期用糖浆毒饵诱杀,或到蜜源多的地方捕杀,以降低田间卵量。

(2)药剂防治。在幼虫1～2龄时喷洒30%克虫神乳油1500倍液、2.5%溴氰菊酯乳油2000倍液或BT乳剂600倍液,防效优于辛硫磷、马拉硫磷及敌敌畏。

### (二)甘薯麦蛾

【分布与危害】甘薯麦蛾[*Brachmia macroscopa* (Meyrick)]又叫甘薯卷叶蛾,幼虫俗名番薯卷叶虫。属鳞翅目麦蛾科。分布广泛,全国各甘薯生产区均有发生。除危害甘薯外,还危害蕹菜、牵牛花、月光花等旋花科植物。是一种寡食性害虫。以幼虫吐丝卷折红薯叶片,并栖居其中取食叶肉,只留表皮,发生严重时,大量薯叶被卷食,仅残留叶脉,严重影响产量。

【形态特征】成虫是一种黑褐色小蛾子,体长5～7毫米,黑褐色,翅展15毫米,前翅狭长,中央有2个环形圈纹,外缘有1列黑点,后翅菜刀状,淡灰色,缘毛很长。卵椭圆形,长约0.6毫米,初产乳白色后变淡褐色,表面有细网纹。老熟幼虫15～18毫米,前胸背板褐色,两侧黑褐色呈倒八字形纹;中胸

到第二腹节背面黑色，第三腹节以后各节底色为乳白色，亚背线黑色。蛹纺锤形，体长7～9毫米，头稍扁，黄褐色。

【发生规律】甘薯麦蛾在华北地区1年发生3～4代，浙江4～5代，福建8～9代。北方以蛹在残株落叶中越冬，南方以成虫在田野杂草丛中越冬，少数以蛹在残株上越冬。北方越冬蛹在6月上旬开始羽化，6月下旬在田间即见幼虫卷叶危害，8月中旬以后田间虫口密度增大，危害加重，10月末老熟幼虫化蛹越冬。成虫昼伏夜出，有趋光性。卵散产于幼嫩叶片背面中脉或叶脉间，卵期3～5天，幼虫共6龄，初龄幼虫在叶背啃食叶子，2龄幼虫开始吐丝卷叶，3龄后食量大增，1头幼虫可转移危害卷食数片薯叶。幼虫行动活泼，有转移危害的习性，在卷叶或土缝中化蛹。7—9月温度偏高、湿度偏低年份常引起大发生。

【防治方法】

(1)秋后要及时清洁田园，消灭越冬蛹，降低田间虫源。

(2)开始见幼虫卷叶危害时，要及时捏杀新卷叶中的幼虫或摘除新卷叶。

(3)在大面积种植田，利用成虫的趋光性用杀虫灯诱杀成虫。

(4)在幼虫发生初期施药防治，施药时间以下午4—5点最好。药剂可选用2%天达阿维菌素乳油1500倍液、20%天达虫酰肼悬浮剂2000倍液、48%乐斯本乳油或48%天达毒死蜱1000倍液、20%除虫脲悬浮剂1500倍液、5%卡死克可分散液剂1500倍液、10%除尽悬浮剂2000倍液、BT乳剂(100亿孢子/毫升)400倍液、52.25%农地乐乳油1500倍液、20%杀灭菊酯乳油3000倍液、2.50%溴氰菊酯乳油2500倍液等，收获前10天停止用药。

## (三)斜纹夜蛾

斜纹夜蛾[*Prodenia litura* (Fabricius)]又名莲纹夜蛾,幼虫叫夜盗虫、五彩虫、乌蚕、野老虎等,在国内各地都有发生,幼虫是一种杂食性、暴食性害虫,主要发生在长江流域的江西、江苏、湖南、湖北、浙江、安徽,黄河流域的河南、河北、山东等省。它危害甘薯以吃叶为主,严重时也吃嫩茎或叶柄。对蔬菜中白菜、甘蓝、芥菜、马铃薯、茄子、番茄、辣椒、南瓜、丝瓜、冬瓜以及藜科、百合科等多种作物都能进行危害。在分类中属于鳞翅目夜蛾科。它主要以幼虫危害全株,小龄时群集叶背啃食,3龄后分散危害叶片、嫩茎、老龄幼虫可蛀食果实。其食性既杂又危害各器官,老龄时形成暴食,是一种危害性很大的害虫。

【形态特征】成虫体长14～20毫米左右,翅展35～46毫米,体暗褐色,胸部背面有白色丛毛,前翅灰褐色,花纹多,内横线和外横线白色,呈波浪状,中间有明显的白色斜阔带纹,所以称斜纹夜蛾。卵扁平的半球状,初产黄白色,后变为暗灰色,块状黏合在一起,上覆黄褐色绒毛。幼虫体长33～50毫米,头部黑褐色,胸部多变,从土黄色到黑绿色都有,体表散生小白点,冬节有近似三角形的半月黑斑一对。蛹长15～20毫米,圆筒形,红褐色,尾部有一对短刺。

【发生规律】年发生代数一年4～5代,在山东和浙江经调查都是如此。往南代数相应增多,台湾、广东每年多达8～9代,且世代重叠。以蛹在土下3～5毫米处越冬。冬季比较温暖的南方,没有越冬现象。成虫在白天隐藏在荫蔽处,黄昏后出来活动,以晴天无风的夜晚8～12时活动最盛,飞翔力强,趋光性大。幼虫孵化后,先群集在卵块附近啃吃叶片的下表皮,

仅剩上表皮和叶脉形成膜状斑。一受惊动多吐丝下坠,随风飘移他处。2 龄以后开始分散。随着虫体长大,食量增加,危害加重,虫口密度大时,可将叶片吃光。3 龄以后具有明显的假死性,在大发生时,当一处叶片被吃光时,就成群向他处迁徙继续危害。幼虫共 6 龄,老熟时钻入土下,10～30 毫米处,做土室居中化蛹。成虫白天潜伏在叶背或土缝等阴暗处,夜间出来活动。每只雌蛾能产卵 3～5 块,每块约有卵位 100～200 个,卵多产在叶背的叶脉分叉处,经 5～6 天就能孵出幼虫,初孵时聚集叶背,4 龄以后和成虫一样,白天躲在叶下土表处或土缝里,傍晚后爬到植株上取食叶片。成虫有强烈的趋光性和趋化性,黑光灯的效果比普通灯的诱蛾效果明显,另外对糖、醋、酒味很敏感。卵的孵化适温是 24℃左右,幼虫在气温 25℃时,历经 14～20 天,化蛹的适合土壤湿度是土壤含水量在 20%左右,蛹期为 11～18 天。

【防治方法】夜蛾盛发期在甘薯地寻找叶背上的卵块,连叶摘除。用黑光灯诱杀成虫。幼虫 2 龄以前,或 50%辛硫磷乳剂 1000 倍液,或 50%杀螟松乳剂 1000 倍液喷洒。

## 第二节 地下害虫

### (一)蛴螬

蛴螬是金龟子的幼虫,属鞘翅目金龟甲科。其种类有四十余种。按其食性可分为植食性、粪食性、腐食性三类。其中植食性蛴螬食性广泛,危害多种农作物、经济作物和花卉苗木,喜食刚播种的种子、根、块茎以及幼苗,是世界性的地下害虫,危害很大。此外某些种类的蛴螬可入药,对人类有益。危害甘薯的主要有华北大黑鳃金龟、东北大黑鳃金龟、铜绿金龟子、黑皱金龟子、黄褐金龟子、豆形绒金龟子等。

【形态特征】

(1)华北大黑鳃金龟子。成虫体长16～21毫米,宽8～11毫米,长椭圆形,体黑色,鞘翅上各3条纵隆纹,臀节宽大呈梯形,中沟不明显,背板平滑下伸。幼虫体长37～45毫米,头部前顶刚毛每侧各3根成一纵列。肛门孔三裂。腹毛区有刚毛群。

(2)东北大黑鳃金龟子。成虫:体大小、体色与华北大黑鳃金龟子相似,鞘翅上有4条明显纵隆纹,臀板短小,近三角形,背板呈弧形下弯。幼虫:体长35～45毫米,头部前顶刚毛每侧各3根成一纵列,腹毛区刚毛散生。

(3)铜绿金龟子。成虫,体长18～21毫米,宽8～11毫米,头及鞘翅铜绿色,有光泽,两侧边缘处呈黄色,腹部黄褐色。幼虫,体长30～33毫米,肛门横裂,刺毛纵向平行两列,每列由11～20根长针状刺组成。

(4)暗褐金龟子。成虫,体长17～22毫米,宽9～12毫米,长椭圆形,体黑褐色,无光泽,全身有蓝白色细毛,鞘翅上有4条纵隆纹,两翅会合处有较宽的隆起。幼虫,头部前顶刚毛每侧各1根,位于冠缝两侧,其他特征与华北金龟子幼虫相似。

(5)黄褐金龟子。成虫,体长15～18毫米,宽7～9毫米,体淡黄褐色,鞘翅密布刻点,并有3条暗色纵隆纹,腹部密生细毛。幼虫,体长25～35毫米,肛门横裂。刺毛纵列两行,后段向后呈八字形岔开。

【发生规律】成虫交配后10～15天产卵,产在松软湿润的土壤内,以水浇地最多,每头雌虫可产卵一百粒左右。蛴螬年

生代数因种、因地而异。这是一类生活史较长的昆虫，一般1年1代，或2～3年1代，长者5～6年1代。如大黑鳃金龟2年1代，暗黑鳃金龟、铜绿丽金龟1年1代，小云斑鳃金龟在青海4年1代，大栗鳃金龟在四川甘孜地区则需5～6年1代。蛴螬共3龄。1、2龄期较短，第3龄期最长。不同类型的金龟子世代不同，如华北大黑鳃金龟子在黄淮海地区2年完成1代；东北大黑鳃金龟子在黑龙江省2～3年完成1代；铜绿金龟子在辽宁、安徽以及黄淮地区每年发生1代；暗褐金龟子、黄淮金龟子在河南、河北、山东等每年发生1代。但其发生与环境条件都有着共同的规律。蛴螬有假死和趋光性，并对未腐熟的粪肥有趋性。白天藏在土中，晚上8～9时进行取食等活动。蛴螬始终在地下活动，危害与土壤温度有密切关系：如华北大黑鳃金龟子幼虫，在10厘米地温达到10℃时，开始向上移动，16℃时上升至15～20厘米处，17.7～20℃时为活动盛期，6～8月地温过高时，多从耕层土壤下移，9～10月温度下降到20℃左右，又上升表土，地温下降到6℃以下时移至30～40厘米土层越冬。土壤湿度与蛴螬活动关系密切，尤其是连续阴雨天气，春、秋季在表土层活动，夏季时多在清晨和夜间到表土层活动。土壤黏重的发生相对较重，靠近树林的田块产卵多，受害也重。金龟子类趋光性较强，并有假死性，有利于灯光诱杀。

【危害虫态和方式】蛴螬幼虫和成虫均可危害甘薯，以幼虫危害时间最长。金龟子危害甘薯的地上部幼嫩茎叶，蛴螬则危害地下部的块根和纤维根，造成缺株断垄，薯块形成伤口，病菌易乘虚而入，加重田间和贮藏腐烂率。

【防治方法】

蛴螬种类多，在同一地区同一地块，常为几种蛴螬混合发生，世代重叠，发生和危害时期很不一致，因此只有在普遍掌握虫情的基础上，根据蛴螬和成虫种类、密度、作物播种方式等，因地因时采取相应的综合防治措施，才能收到良好的防治效果。

（1）做好预测预报工作。调查和掌握成虫发生盛期，采取措施，及时防治。

（2）农业防治。实行水、旱轮作；在玉米生长期间适时灌水；不施未腐熟的有机肥料；精耕细作，及时镇压土壤，清除田间杂草；大面积春、秋耕，并跟犁拾虫等。发生严重的地区，秋冬翻地可把越冬幼虫翻到地表使其风干、冻死或被天敌捕食，机械杀伤，防效明显；同时，应防止使用未腐熟有机肥料，以防止招引成虫来产卵。

（3）药剂处理土壤。用30％辛硫磷微胶囊每亩1千克，加水10倍喷于25～30千克细土上拌匀制成毒土，顺垄条施，随即浅锄，或将该毒土撒于种沟或地面，随即耕翻。

（4）药剂拌种。用50％辛硫磷与水和种子按1∶30∶400～500的比例拌种；用25％辛硫磷胶囊剂包衣，还可兼治其他地下害虫。

（5）毒饵诱杀。50％辛硫磷乳油50～100毫升拌饵料3～4千克，撒于种沟中，亦可收到良好防治效果。

（6）物理方法。有条件地区，可设置黑光灯诱杀成虫，减少蛴螬的发生数量。

（7）生物防治。利用茶色食虫虻、金龟子黑土蜂、白僵菌等。

### （二）小地老虎

小地老虎［*Agrotis ypsilon*（Rottemberg）］，属鳞翅目夜

蛾科,幼虫俗称土蚕、地蚕、切根虫。小地老虎属广谱性种类,以雨量丰富、气候湿润的长江流域和东南沿海发生量大,东北地区多发生在东部和南部湿润地区。该虫能危害百余种植物,是对农、林木幼苗危害很大的地下害虫,在东北主要危害落叶松、红松、水曲柳、核桃楸等苗木,在南方危害马尾松、杉木、桑、茶等苗木,在西北危害油松、沙枣、果树等苗木。杂食性极强,农作物除危害甘薯外,对棉花、玉米、高粱、烟草等都有严重危害,轻则造成缺苗断垄,重则毁种重播。

【形态特征】成虫:体长 17～23 毫米,翅展 40～54 毫米。头、胸部背面暗褐色,足褐色,前足胫、跗节外缘灰褐色,中后足各节末端有灰褐色环纹。前翅褐色,前缘区黑褐色,外缘以内多暗褐色。基线浅褐色,黑色波浪形内横线双线,黑色环纹内有圆灰斑,肾状纹黑色具黑边,其外中部有楔形黑纹伸至外横线,中横线暗褐色波浪形,双线波浪形外横线褐色,不规则锯齿形亚外缘线灰色,其内缘在中脉间有 3 个尖齿,亚外缘线与外横线间在各脉上有小黑点,外缘线黑色,外横线与亚外缘线间淡褐色,亚外缘线以外黑褐色。后翅灰白色,纵脉及缘线褐色,腹部背面灰色。卵:馒头形,直径约 0.5 毫米、高约 0.3 毫米,具纵横隆线。初产乳白色,渐变黄色,孵化前卵一顶端具黑点。幼虫:圆筒形,老熟幼虫体长 37～50 毫米、宽 5～6 毫米。头部褐色,具黑褐色不规则网纹。体灰褐至暗褐色,体表粗糙、具大小不一而彼此分离的颗粒,背线、亚背线及气门线均黑褐色。前胸背板暗褐色,黄褐色臀板上具两条明显的深褐色纵带。胸足与腹足黄褐色。蛹:体长 18～24 毫米、宽 6～7.5 毫米,赤褐有光。口器与翅芽末端相齐,均伸达第 4 腹节后缘。腹部第 4～7 节背面前缘中央深褐色,且有粗大的刻点,两侧的细小刻点延伸至气门附近，第5～7节腹面前缘也有细小刻点；腹末端具短臀棘1对。

【发生规律】年发生代数随各地气候不同而异，愈往南年发生代数愈多；在长江以南以蛹及幼虫越冬，但在南亚热带地区无休眠现象，从10月到第2年4月都见发生和危害。西北地区2～4代，长城以北一般每年2～3代，长城以南黄河以北每年3代，黄河以南至长江沿岸每年4代，长江以南每年4～5代，南亚热带地区每年6～7代。无论年发生代数多少，在生产上造成严重危害的均为第1代幼虫。南方越冬代成虫2月出现，全国大部分地区羽化盛期在3月下旬至4月上、中旬，宁夏、内蒙古为4月下旬。成虫多在下午3时至晚上10时羽化，白天潜伏于杂物及缝隙等处，黄昏后开始飞翔、觅食，3～4天后交配、产卵。卵散产于低矮叶密的杂草和幼苗上，少数产于枯叶、土缝中，近地面处落卵最多，每头雌虫产卵800～1000粒，多的达2000粒；卵期约5天左右，幼虫6龄，个别7～8龄，幼虫期在各地相差很大，但第1代为30～40天。幼虫老熟后在深约5厘米土室中化蛹，蛹期9～19天。成虫的活动性和温度有关，在春季夜间气温达8℃以上时即有成虫出现，但10℃以上时数量较多、活动愈强；具有远距离南北迁飞习性，春季由低纬度向高纬度、低海拔向高海拔迁飞，秋季则沿着相反方向飞回南方；微风有助于其扩散，风力在3级以上时很少活动；对普通灯光趋性不强，对黑光灯极为敏感，有强烈的趋化性，特别喜欢酸、甜、酒味和泡桐叶。成虫的产卵量和卵期在各地有所不同，卵期随分布地区及世代不同主要是温度高低不同所致。幼虫的危害习性表现为，1～2龄幼虫昼夜均可群集于幼苗顶心嫩叶处取食危害；3龄后分散，幼虫行动敏捷、有假死习性、对光线极为敏感、受到惊扰即卷缩成团，白天潜伏于表土的干湿层之间，夜晚出土从地面将幼苗植株咬断拖

入土穴或咬食未出土的种子，幼苗主茎硬化后改食嫩叶和叶片及生长点，食物不足或寻找越冬场所时，有迁移现象。温度：高温对小地老虎的发育与繁殖不利，因而夏季发生数量较少，适宜生存温度为15～25℃；冬季温度过低，小地老虎幼虫的死亡率增高。土壤湿度：凡地势低湿，雨量充沛的地方，发生较多；头年秋雨多、土壤湿度大、杂草丛生有利于成虫产卵和幼虫取食活动，是第二年大发生的预兆；但降水过多，湿度过大，不利于幼虫发育，初龄幼虫淹水后很易死亡；成虫产卵盛期土壤含水量在15%～20%的地区危害较重。沙壤土，易透水、排水迅速，适于小地老虎繁殖，而重黏土和沙土则发生较轻；土质与小地老虎的发生也有关系，但实质是土壤湿度不同所致。苗圃管理：管理粗放，杂草丛生，是引诱地老虎产卵、先期取食的最好寄主，杂草越多、幼虫成活率越高其危害越严重。此外，苗木种类、生育状况、前茬作物以及蜜源植物等都影响小地老虎的发生量和危害程度。小地老虎一年发生数代，黄淮地区3～4代，广西可达7代。越冬代成虫发蛾盛期华北地区为4月下旬至5月上旬，第1代幼虫严重危害春播作物幼苗。成虫昼伏夜出，有趋光性、迁飞习性、趋化性。卵散产，每头雌虫产卵800～1000粒，卵期7～13天。初孵幼虫取食心叶，3龄后晚上咬断嫩茎，若是其他作物幼小苗时，可拉进洞里食用。黄淮流域第1代幼虫危害盛期在5月。土壤湿度大危害严重，低洼地，沿河灌区，田间荫蔽，杂草丛生的地块发病重。

【防治方法】

(1)除草灭虫：于4月中旬产卵期除净杂草，减少产卵场所和幼虫食料来源。

(2)药剂防治：栽种时结合防治甘薯茎线虫病用30%辛

硫磷微胶囊5倍液浸苗基部5分钟，或用3000倍液灌窝。可兼治线虫病和地老虎、蛴螬等；在2龄期喷打90%敌百虫粉800～1000倍液，或用50%辛硫磷0.3千克兑水2千克，拌干细土20千克，均匀撒于薯苗周围；也可用毒草诱杀。地老虎3龄后，如果危害严重，用铡碎的鲜草拌90%敌百虫800倍液，每亩25～40千克，于傍晚撒在薯垄上毒杀。

(3)泡桐叶诱杀，人工捕捉：每亩放泡桐叶70～90片，放叶后每日清晨翻叶捕捉幼虫，一次放叶效果可保持4～5天。也可于清晨在被害植株附近土中捕捉。

### (三)蝼蛄

【分布与危害】蝼蛄别名土狗、蝼蝈、拉拉蛄等。属直翅目蝼蛄科，是一种杂食性害虫，能危害多种园林植物的花卉、果木及林木和多种球根和块茎植物，主要咬食植物的地下部分。蝼蛄以成、若虫咬食刚播下的种子及幼苗嫩茎，把茎秆咬断或扒成乱麻状，使幼苗萎蔫而死。同时，蝼蛄在表土活动时，造成纵横隧道，使幼苗干枯死亡，致使苗床缺苗断垄。北方薯区主要发生的是华北蝼蛄，黄淮流域夏薯区主要有华北蝼蛄和非洲蝼蛄，南方薯区主要是非洲蝼蛄。

1. 华北蝼蛄

【形态特征】华北蝼蛄[*Gyllotalpa unispina*(Sausure)]雌成虫体长45～50毫米，雄成虫体长39～45毫米。形似非洲蝼蛄，但体黄褐至暗褐色，前胸背板中央有1心脏形红色斑点。后足胫节背侧内缘有棘1个或消失。腹部近圆筒形，背面黑褐色，腹面黄褐色，尾须长约为体长。卵椭圆形，初产时黄白色长1.6～1.8毫米，宽1.1～1.3毫米，孵化前深褐色，长2.4～2.8毫米，宽1.5～1.7毫米。初产时黄白色，后变黄

褐色，孵化前呈深灰色。若虫形似成虫体较小，翅不发达，仅有翅芽。初孵时体乳白色，2龄以后变为黄褐色，5、6龄后基本与成虫同色。

【发生规律】在北方地区3年完成1代，若虫13龄，以成虫和8龄以上的各龄若虫在地下150厘米处越冬。春季当10厘米深土温回升至8℃左右时开始上升活动，在地表常留有10厘米左右长的虚土隧道。4—5月地面隧道大增，进入危害盛期，6月上旬当隧道上出现虫眼时已开始出窝迁移和交尾产卵，6月下旬至7月中旬为产卵盛期，8月为产卵末期，成虫于6—7月间交配，产卵前在土深10～18厘米处做鸭梨形卵室，上方挖1运动室，下方挖1隐蔽室；每室有卵50～85粒，每头雌虫产卵50～500粒，多为120～160粒，卵期20～25天。据北京观察，各龄若虫历期为1～2龄1～3天，3龄5～10天，4龄8～14天，5～6龄10～15天，7龄15～20天，8龄20～30天，9龄以后除越冬若虫外每龄约20～30天，羽化前的最后一龄需50～70天。初孵若虫最初较集中，后分散活动，至秋季达8～9龄时即入土越冬；第2年春季，越冬若虫上升危害，到秋季达12～13龄时，又入土越冬；第3年春再上升危害，8月上、中旬开始羽化，入秋即以成虫越冬。华北蝼蛄喜潮湿土壤，平原区的轻盐碱地带、沿河及湖边低湿地区发生较重。成虫有趋光性。该虫在1年中的活动规律即当春天气温达8℃时开始活动，秋季低于8℃时则停止活动；春季随气温上升危害逐渐加重，地温升至10～13℃时在地表下形成长条隧道危害幼苗；地温升至20℃以上时则活动频繁、进入交尾产卵期；地温降至25℃以下时成、若虫开始大量取食积累营养准备越冬，秋播作物受害严重。土壤中大量施用未腐熟的厩肥、堆肥，易导致蝼蛄发生，受害较重。当深10～20厘米处土温在16～20℃、含水量22%～27%时，有利于蝼蛄活动；含水量小于15%时，其活动减弱，所以春、秋有两个危害高峰，在雨后和灌溉后常使危害加重。

2. 非洲蝼蛄

非洲蝼蛄[*Gryllotalpa africana* (Palisot de Beauvois)]属直翅目、蝼蛄科。非洲蝼蛄是世界性大害虫，黄河以南地区发生严重。成虫：体长30～35厘米，淡黄褐色，密生细毛，形态与华北蝼蛄相似，但体躯小，故又称小蝼蛄，后足胫节背侧内缘有棘3～4个。腹部近纺锤形。卵：椭圆形，较华北蝼蛄大，初产时长2～2.4毫米，宽1.4～1.6毫米，孵化前长3.0～3.2毫米，宽1.8～2.0毫米，初产时为黄白色，有光泽，后变为黄褐色，孵化前呈暗紫色或暗褐色。若虫：共6龄，初孵若虫体长4毫米左右，末龄若虫体长24～28毫米，后足胫节有棘3～4个。

【生物学特性】非洲蝼蛄在河南省2年1代，以成虫和若虫在土壤60～120厘米深处越冬。非洲蝼蛄越冬成虫，在5月间交尾产卵，卵期21～30天，若虫期400多天，共脱皮6次，第2年夏秋季羽化为成虫，少数当年即可产卵，但大部分则再次越冬，至第3年5～6月交尾产卵。非洲蝼蛄全年活动大致分为6个时期：①冬季休眠期。10—11月，成虫和若虫在土壤下60～120厘米深处越冬，一窝一头，头部向下。②春季苏醒期。非洲蝼蛄洞顶壅起一堆虚土隧道，此时是春季调查虫口密度、蝼蛄种类、挖洞灭虫和防治的有利时机。③出窝迁移期。4—5月蝼蛄进入活动盛期，出窝迁移，地面出现大量弯曲的虚土隧道，并在隧道上留有一小孔。此时是结合播种拌药和撒施毒饵防治蝼蛄的关键时期。④猖獗危害期。5—6月，蝼蛄活动量和食量大增，并准备交尾产卵，形成危害高峰。⑤越夏产卵期。6月中下旬至8月下旬，天气炎

热,若虫潜入30～40厘米深的土层中越夏,非洲蝼蛄接近交尾产卵末期。可结合夏季除草和人工挖窝,消灭虫卵和若虫。⑥秋季危害期。9—10月成虫和若虫上升土表集中活动,形成秋季危害高峰。非洲蝼蛄多在沿河、池埂、沟渠附近产卵,喜潮湿。产卵前,雌成虫在5～20厘米深处作穴,穴中仅有一长椭圆形卵室,穴口用草把堵塞。单雌产卵量平均30粒,产后即离开卵室。

非洲蝼蛄无论成虫或若虫均于夜间在表土层或地面上活动,晚上9时至凌晨3时为活动取食高峰。炎热的中午则躲至土壤深处。有以下几种趋性:①群集性。初孵若虫有群集性,怕风、怕光、怕水,以后分散危害;②趋光性。非洲蝼蛄成虫在飞翔时均有强烈的趋光性;③趋化性。对甜味物质特别嗜好。因此可用煮至半熟的谷子炒香的豆饼及麸糠制成的毒饵,诱杀效果特别好;④趋粪性。蝼蛄对厩肥和未腐熟的有机物、粪坑具有趋性;⑤喜湿性。蝼蛄喜在潮湿的土中生活。因此,河渠旁低洼地等处蝼蛄发生均较干旱环境多而严重。

【防治方法】

(1)农业措施。蝼蛄的趋光性很强,在羽化期间,晚上7—10时可用灯光诱杀;或在苗圃步道间每隔20米左右挖一小坑,将诱杀粪或带水的鲜草放入坑内诱集,再加上毒饵更好,次日清晨可到坑内集中捕杀。

(2)药剂防治。拌种、毒土:做苗床(垄)时用40%乐果乳油或其他药剂0.5千克加水5千克拌饵料50千克,傍晚将毒饵均匀撒在苗床上诱杀;饵料可用多汁的鲜菜、鲜草以及蝼蛄喜食的块根和块茎,或炒香的麦麸、豆饼和煮熟的谷子等。用25%西维因粉100～150克与25克细土均匀拌和,撒于土表再翻入土下毒杀。

## (四)金针虫

金针虫属鞘翅目叩头胛科,成虫俗名叩头虫,幼虫别名铁丝虫。金针虫种类很多,主要有钩金针虫[*Pleonomus canaliculatus* (Faldemann)]、细胸金针虫[*Agriotes subrittatus* (Motschulsky)]、褐纹金针虫(*Melanotus caudex*)和宽胸金针虫(*Conoderus*)等。钩金针虫主要分布在河南、河北、陕西、山东、辽宁及山西省南部,细胸金针虫多分布于山东、河南、山西等省。除危害甘薯外,还危害棉花、豆类及小麦、玉米等禾谷类作物。

【形态特征】钩金针虫呈黄色,虫体肥大、扁平,老熟幼虫体长20～30毫米,宽约4毫米,尾节褐色,有二分叉并稍向上弯曲,细胸金针虫也为黄色,虫体稍圆而细长,体长8～9毫米,宽约2.5毫米,尾节圆锥状。

【生活规律】钩金针虫2～3年完成一个世代。以成虫或幼虫在土中越冬,次年3月开始活动,成虫以4—5月最盛。交尾后即在土壤7厘米处产卵,卵期约2周,幼虫孵化后立即开始危害。以幼虫态危害时间可达2年多。老熟后潜入土下1.3～1.7厘米处造一土室化蛹,蛹经20天后即化为成虫,春季雨水多,土壤湿润有利于金针虫活动,危害重。过旱或土壤过湿如浇水则发生轻。金针虫在地下咬食甘薯幼茎,或咬破茎部钻入茎内食害,薯被害后发黄萎蔫而死,造成大量缺株。

【防治方法】

(1)用40%拓达毒死蜱100倍进行拌种。可有效防治茎线虫病的发生,并兼治其他虫害。

(2)用50%辛硫磷0.2～0.3千克,拌细土15～20千克,起垄时撒入埂心或栽种时施入窝中。

(3)苗期可用40%的拓达毒死蜱1500倍或40%的辛硫磷500倍与适量炒熟的麦麸或豆饼混合制成毒饵,于傍晚明顺垄撒入玉米基部,利用地下害虫昼伏夜出的习性,即可将其杀死。

## (五)甘薯蚁象

甘薯蚁象甲又名甘薯象甲、甘薯小象、甘薯小象甲、象鼻虫、沙虱、沙辣子、臭心虫等,学名 *Cylas formicarlus* (Fabricius),属鞘翅目,锥象科。在我国主要分布在长江以南地区,此虫不仅在甘薯生长期危害,贮藏期也继续危害。薯块被害后恶臭,不能食用。成虫还危害砂藤、蕹菜、五爪金龙、三裂叶藤、牵牛花、小旋花、月光花等,幼虫的主要寄主是甘薯、砂藤的粗茎和块根。

【危害特点】成虫在田间或薯窖中嗜食薯块,钻成许多伤口和孔道,病菌同时寄生感染,造成腐烂,而且在受害薯内潜道中残存成虫、幼虫和蛹及排泄物散出臭味,无法食用,损失率30%~70%。它也危害幼苗,成虫取食茎叶,严重影响植株生长,常使薯苗变黄,甚至死亡,造成大量缺株,降低产量。甘薯蚁象严重威胁我国南方甘薯生产,已列为国内植物检疫对象。

【形态特征】成虫体长5~9毫米。狭长,形似蚂蚁。头部及吻为暗蓝色,触角、前胸和足为赤褐色,后胸及腹部、腹面大部暗绿色。鞘翅蓝绿色有光泽。初羽化为成虫时,全身为浅赤色。有假死性,飞翔能力很弱,平时多爬行。卵椭圆形,初产时乳白色,后变为淡粉黄色,表面有许多小凹点。幼虫近长圆形,两端较小稍向腹侧弯曲,头淡褐色,体表生有稀少白色细毛。蛹近长卵形,乳白色,复眼淡褐色。

【发生规律】甘薯蚁象每年发生的代数因地而异:浙江年生3～5代,广西、福建4～6代,广东南部、台湾6～8代,广州和广西南宁无越冬现象。世代重叠。多以成虫、幼虫、蛹越冬,成虫多在薯块、薯梗、枯叶、杂草、土缝、瓦砾下越冬,幼虫、蛹则在薯块、藤蔓中越冬,成虫昼夜均可活动或取食,白天喜藏在叶背面危害叶脉、叶梗、茎蔓,也有的藏在地裂缝处危害薯梗,晚上在地面上爬行。卵喜产在露出土面的薯块上,先把薯块咬一小孔,把卵产在孔中,一孔一粒,每头雌虫产卵80～253粒。初孵幼虫蛀食薯块或藤头,有时一个薯块内幼虫多达数十只,少的几只,通常每条薯道仅居幼虫1只;浙江7—9月,广州7—10月,福建晋江、同安一带4—6月及7月下旬至9月受害重;广西柳州1、2代主要危害薯苗,3代危害早薯,4、5代危害晚薯。气候干燥炎热、土壤龟裂、薯块裸露对成虫取食、产卵有利,易酿成猖獗危害。

干旱炎热是此虫猖獗的主要条件,干旱土壤容易龟裂使薯裸露,利于成虫取食和产卵繁殖。干旱会使温度上升,促进虫的繁殖。一般沙性土比黏壤土受害轻;土层浅薄的地块比土层深厚的受害重。不同甘薯品种受害程度有差别,一些薯梗短、结薯部位浅而集中的品种,如禺北白等受害重,反之则较轻。成虫在薯块和薯梗内越冬,也可以在地里的残留薯、枯叶、杂草、土壤缝隙、岩石裂缝、瓦砾下越冬。幼虫和蛹则在薯块、薯梗或茎蔓中越冬。

【防治方法】

(1)甘薯蚁象的自然迁徙范围不大,向新区扩展主要靠鲜薯种、薯苗传带。因此必须严格执行植物检疫规定,防止人为传播。

(2)甘薯收获后,及早将遗留在地里的臭薯、薯拐、枯茎、

残叶等连同杂草集中沤肥,消灭虫源。

(3)实行轮作,有条件的地区尽量实行水旱轮作。

(4)及时培土,防止薯块裸露,也有防虫效果。

(5)化学防治,药液浸苗。用 50%杀螟松乳油或 50%辛硫磷乳油 500 倍液浸湿薯苗 1 分钟,稍晾即可栽秧。

(6)毒饵诱杀。在早春或南方初冬,用小鲜薯或鲜薯块、新鲜茎蔓置入 50%杀螟松乳油 500 倍药液中浸 14～23 小时,取出晾干,埋入事先挖好的小坑内,上面盖草,每亩 50～60 个,隔 5 天换 1 次。

### (六)甘薯长足象

甘薯长足象[*Alcidodes waltoni* (Boheman)],又叫甘薯大象虫、薯猴、硬壳蜩、铁马等。幼虫叫空心虫、食节虫、大肚虫等。甘薯长足象食性杂,成虫可危害甘薯、马铃薯、蕹菜、桃、柑橘等多种植物,幼虫仅危害甘薯、蕹菜、月光花等少数植物。成虫咬食嫩茎和叶柄,钻蛀薯蔓。栽插后的薯苗受害严重时,常造成死苗缺株。发生严重的地块,植株被害率可高达 50%～90%,造成减产。

【形态特征】成虫为中型甲虫。长卵形,连同管状喙长 11.9～14.1 毫米。黑色或黑褐色,少数红褐色。表面有灰色、灰褐色、土黄色或红棕色鳞毛。头小,管状喙向下弯曲。复眼稍大,黑色、突出。触角发达。两鞘翅上有许多圆形粒状突起,每一鞘翅上有 10 条纵沟。足长,以前足最发达。卵呈圆形,淡黄色,卵壳柔软光滑。幼虫肥胖多肉,多皱褶,头小后大,头部红褐色有光。胴部初龄淡紫褐色,第 2 或第 3 龄起变成乳白色,上生金黄色细毛。蛹近长卵形,淡黄或淡黄褐色,背部生有许多金黄色细毛。

【发生规律】甘薯长足象分布在长江以南地区，多数1年发生1代，少数2年发生3代；在福建北部越冬成虫4月上旬开始活动，5月中旬产卵，6月上旬到7月下旬为幼虫期。2代幼虫出现在7月下旬到9月中旬，8月下旬至9月中旬化蛹。在福建南部，少数可2年发生5代，各世代重叠。从春天回暖到冬季转冷，都能在外活动，严重危害期多在5—6月和8—10月间。成虫在山腰处的岩石或土壤裂缝里过冬，也有的在树皮间隙中或藤本植物的茎叶处过冬；南方冬薯区，部分老龄幼虫在薯地的虫瘿里过冬。越冬成虫在清明节前后先集结在春大豆地里，继而危害甘薯。成虫喜吃甘薯嫩茎和叶柄，有时也吃嫩叶，咬成小洞或缺刻，或吃叶背面叶脉凸出部分，偶尔咬食外露薯块。成虫有假死性，爬行力强，平常很少飞翔。干旱条件能加重危害。

【防治方法】清除薯地里的残株，杀灭一部分越冬虫。5月下旬至6月间，在刚栽完甘薯的地里或苗圃里捕捉，这时成虫多集结在甘薯茎上，有利于集中捕杀，连续几次就可见效。捕杀应在清晨或黄昏进行。药剂防治可在成虫盛发时，用90%晶体敌百虫或40%乐果乳剂1000～2000倍液喷雾防治。

### （七）甘薯叶甲

甘薯叶甲［*Colasposoma dauricum*（Mannerheim）］又名甘薯叶虫、甘薯猴叶虫、兰黑金花虫、红苕金花虫等，成虫群众叫它剥皮龟、金蛄、金粒子等，幼虫叫老母虫、牛屎虫、红苕蛀虫等。全国各省区均有分布。除危害甘薯外，还危害蕹菜、五爪金龙、牵牛花、月光花及大、小旋花等旋花科植物。成虫吃薯汁，严重时植株枯死，造成缺苗现象。幼虫生活在土壤中，啃

食薯块表面,使薯块表面发生深浅不同的伤疤,助黑斑病、软腐病菌等侵入危害。严重时,薯块被害率可达30%～60%,常年损失率约达20%～30%。

【形态特征】成虫体长4～7毫米,宽3.0～4.9毫米,呈短椭圆形。硬壳表面有很多粗而密的刻点,黑色。有假死性。幼虫蛴螬型,黄白,背线淡红色,体长约9.0毫米,宽3.5毫米。卵长圆形,长约1.2毫米,宽0.2毫米。

【发生规律】一般1年发生1～2代。幼虫喜潮湿,当地温降到20℃以下时,幼虫自薯块表层钻入深土层中越冬。成虫在土缝、石隙中及枯枝落下越冬。

【防治方法】

(1)轮作及清洁田园。宜稻、薯轮作。田间秸秆及时妥善处理,如饲用或高温积肥等。

(2)捕杀成虫。利用成虫假死性和活动习性,宜在黄昏和清晨时间,当多数害虫聚集在幼茎叶上觅食活动时,集中力量捕杀。

(3)生物防治。每公顷用绿僵菌剂75千克喷洒地面,然后耕翻在土里,绿僵菌能寄生于幼虫体内,使其致死。据四川南充试验证明,平均死亡率可达73.20%。

(4)毒土或毒肥防治。敌百虫粉剂750～1000克或50%氯丹乳剂200毫升,均与细土15～20千克拌均匀,撒施地表面,或与肥料混施,打垄时翻入地下,可有效地杀死幼虫。

(5)喷药防治。在成虫大发生时,在薯苗或薯株上用90%晶体敌百虫,配制1000～1500倍药液喷雾,杀死成虫。每5天左右喷洒一次,连续2～3次,效果更好。

# 第十章　甘薯其他危害

## 第一节　甘薯冻害

甘薯冻害是在收获过晚或贮藏期保温防冷管理不好时，使薯块受冻引起的一种生理病害。但往往经软腐病菌或灰霉病菌侵染而导致薯块腐烂，甚至烂窖。

【症状】受冻薯块无光泽，刮开病薯，可见毗邻薯皮的薯肉迅速变褐色。如果剖面马上变黑褐色，表明冻害较重，如经2～3分钟才表现出淡褐色，则冻害较轻。同时切面上没有白浆溢出。受冻薯块部分或全部组织形成硬核，煮后仍然坚硬不熟。

【发生规律】一种是收获过晚，薯块在田间或晒场上受到霜冻或雪害，受冻温度是零下1.5℃以下。薯块在此低温下短时间就受害变质，生活力大减，易受病原真菌侵染危害；另一种是冬季封窖保温管理不好，窖内温度在9℃以下时间较长，使薯块受冷发生冻害。温度低，时间长，受害重。

【防治方法】及时收获，加强管理，并可用50%多菌灵可湿性粉剂500倍液浸薯3～5分钟后晾干入窖，每千克药液浸种薯10000千克。

## 第二节　草害及化学防除

农田杂草由于长期的自然选择，具有顽强的适应性。杂草根系发达，能够吸收大量的水分养分，使土壤肥力无效地被消耗，减少了土壤对农作物水分养分的供应。同时，杂草占据农作物生长发育的空间，降低农作物的光能利用率，影响光合作用，抑制作物生长。杂草还使田间郁蔽，给害虫产卵繁殖提供了丰富食料、产卵的场所和繁殖危害的条件；给病害蔓延提供了适宜的环境，扩大了病虫基数，加重了危害。此外，杂草滋生，增加了大田用工，提高了农业生产成本，给农业带来极大损失。在甘薯生产中，每年因杂草引起减产的比例在5%～15%，严重的地块，减产50%以上。为此，必须了解杂草特性和生育规律，掌握化学除草的具体技术，将草害控制到最低限度，为甘薯高产、稳产、优质、低耗创造良好条件。

### （一）薯田杂草

薯田杂草种类很多，总计在100种以上，主要有马唐、狗尾草、苋菜、马齿苋、早熟禾、苍耳、藜、茅草、刺儿菜、香附子、鬼针草。

(1)薯田杂草的生物学特性。杂草具有结实力高的特性，绝大部分杂草结实力高于一般农作物的几十倍或更多，千粒重小于作物种子，一般在1克以下，十分有利于传播，如一株苋菜可结50万粒种子。杂草的传播方式是多种多样的。风是最活跃的传播方式，如菊科等果实上有冠毛，便于风传；有的杂草果实有钩刺，可随其他物传播，如苍耳、鬼针草等；有的杂草种子可混在作物种子里、饲料或肥料中传播，也可借交通工具、农具等传播。

杂草种子成熟度不齐，但发芽率高，寿命长。荠菜、藜未完全成熟的种子更易发芽，马唐开花后4～10天就能形成发芽的种子。莎草、藜属、旋花属等杂草的种子寿命可达20年以上。成熟度不一，休眠长短也不同，故出草期长。杂草的无性繁殖力和再生力很强，如10厘米土层中，成活率可达80%；马齿苋被铲除后，经曝晒数日，仍能发根成活；香附子、茅草铲除后数天就长出新芽。

(2)杂草分类。薯田杂草多为旱地杂草。根据其生命长短、繁殖特点和营养性又可分为下列两大类：①一年生杂草：一年繁殖1代或数代，多为春季发芽出苗，当年开花结实，秋冬死亡，也有的杂草为秋季发芽出苗，当年形成叶簇，次年夏季抽薹开花结实，如荠菜。②多年生杂草：结实后仅地上部死亡，次年春季从地下鳞茎或块根、块茎、地下根状茎等根系上重新萌芽，如野蒜、香附子、茅根、蒲公英、刺儿菜等都是利用无性繁殖器官多年生长，其中一部分种子还能生产发育。此外杂草也可分为单子叶杂草和双子叶杂草等。

### (二)化学除草

使用化学药剂来消灭杂草称为化学除草，这种化学药剂则统称为除草剂。

(1)除草剂的灭草原理。植物的生命活动是体内一系列生理生化过程与外界条件协调统一的结果。当除草剂作用于植物以后，会抑制光合作用和抑制催化生命活动的酶的活动，导致杂草死亡。

(2)除草剂的选择性原理。除草剂能够杀死杂草而不伤害作物是因为这些除草剂具有一定的选择性，或者药剂本身

并无选择，但人们可利用它的某种特性或作物与杂草之间差异进行选择。①生物物理差异：同样进入植物体的除草剂，有些植物内为细胞壁所吸收，而达不到原生质，表现出对药剂有抵抗能力，而有些植物，除草剂不为细胞壁吸收，直接进入原生质，对除草剂表现敏感。②形态选择：单子叶禾本科植物叶子表面角质都较厚，叶面积小，分生组织被叶片保护，抗药性强，不易受药害。双子叶植物，表面角质层或蜡层都较薄，叶面积大，叶平展，吸收药剂多，幼芽裸露，抗药性弱，易受药害。如常用2,4-D在单子叶作物地内防除双子叶杂草。③生理生化选择：有些作物植株体内有分解某种除草剂的酶，而杂草则没有，利用此原理进行防除效果很好，如敌稗。④时差选择：利用药效期短，见效快的除草剂在作物播前施药，把正在萌发的杂草杀死，药效期过后再播种，例如五氯酚钠。⑤位差选择：利用作物根系深、杂草根系分布浅这个差异，除草剂施入表土层，使杂草触药死亡。

(3)薯田化学除草。除草剂在甘薯上起步晚，应用面积远不及水稻、小麦、棉花、烟草等作物。现根据部分资料，将化学除草剂在甘薯生产上的实用技术简单介绍于后。①禾本科杂草的化学防除：在禾本科杂草单生，而无莎草和阔叶草的甘薯田，可用氟乐灵、喹禾灵、拿捕净防除。常用的防除方法如下：每亩用48%的氟乐灵乳油75～120毫升，兑水40千克，于整地后栽插甘薯前喷雾。注意在30℃以下，下午或傍晚用药，用药后立即栽薯秧，也可用氟乐灵与扑草净混用。每亩用喹禾灵乳油60～80毫升，兑水50千克，于杂草三叶期田间喷雾。用药时田间空气湿度要大，防除多年生杂草适当加大剂量，用药后2～3小时下雨不影响防效。每亩用12.50%拿捕净乳油毫升，兑水40千克，于禾本科杂草2～3叶期喷雾。注意喷雾均匀,空气湿度大可提高防效。以早晚施药较好,中午或高温时不宜施药;防除 4～5 叶期禾草每亩用量加大到 130 毫升;防除多年生杂草时在施药量相同的情况下,间隔 3 星期分2 次施药比一次施药效果好,防止药飘移到禾本科作物上。②禾本科杂草＋莎草的化学防除:对以禾本科杂草与莎草混生而无阔叶草的薯田,可以用乙草胺防除。每亩用 50%乙草胺乳油 50～100 毫米,兑水 40 千克,栽薯秧前或栽薯秧后即田间喷雾。要求地面湿润,无风。乙草胺对出苗杂草无效,应尽早施药,提高防效。栽薯秧后喷药宜用 0.1～1 毫米孔径的喷头。③禾本科杂草＋阔叶草的化学防除:在以禾本科杂草与阔叶草混生而无莎草的甘薯田,可用草长灭药剂防除。每亩用 70%草长灭可湿性粉剂 200～250 毫升,兑水 40 千克,栽前或栽后立即喷雾。要求土壤墒情好,无风或微风,注意不能与液态化肥混用。④禾本科杂草＋莎草＋阔叶草的化学防除:在三类混生的甘薯田,可用果乐和旱草灵防除。每亩用 24%果乐乳油 40～60 毫升,兑水 40 千克喷雾。要求墒情好,最好有 30～60 毫米的降雨。用药时精细整地,不可有大土块。下午 4 时后施药。

注意事项:栽薯秧时尽量不要翻动土层;药后下雨可提高防效;土壤干旱时,每亩药液量(兑水后)100 千克;对出苗的3 叶以下的小草也有效;不可在薯秧后用药。或每亩用 37%旱草灵乳油 70～120 毫升,兑水 40 千克,整地就绪后栽秧前喷雾。要求土壤墒情好。用药时要精细整地,无风或微风施药。

注意:土壤干旱时适当加大药液量;栽薯秧时尽量不要翻动土层;对出苗的小草也有效。

## 第三节 鼠害及防治

农田害鼠种类多、数量大、繁殖快、适应性强。80年代以来，我国鼠害每年发生面积一般超过30000万亩，1987年，农田鼠害发生面积高达58995万亩。甘薯是害鼠喜欢危害的作物，主要危害正在膨大的薯块。多数被害薯块、薯拐被咬断，薯块被掏食成空洞，被咬伤后，又多被病菌侵染，造成腐烂。鼠类常年营穴地下生活，掘洞推土，压埋庄稼。据估计，1只鼢鼠挖洞1年平均要向地面推出150～200个土堆(也叫土丘)，约有2吨泥土翻推到地面上，薯田茎叶被压埋。在薯株下掘洞，造成植株枯死，同时将甘薯幼苗拉入洞中，造成缺苗断垄。此外，害鼠咬伤薯块时，也会把病菌留在薯块引起疾病传播。据估计，一般发生薯田鼠害的地区，可使甘薯减产7%，严重的甚至减产二三成。因此，必须采取措施，加强防治。

### (一)害鼠种类

“鼠”从动物分类角度看属啮齿类动物，为陆生哺乳动物中一个大类群的总称。包括啮齿目与兔形目两大类。我国啮齿动物有190余种，危害农牧业比较严重的有20余种，各种鼠类的体形、大小各异。由于啮齿动物的食性、栖息地、活动规律、生活方式等情况不同，在自然演化历史中形成了各种形态结构和生理习性的差异，这些差异是认识鼠种并根据其差异进行防治的有效依据。现将主要几种薯田害鼠简介于后。

(1)大仓鼠。又名灰田鼠。属啮齿目仓鼠科。主要分布在干旱、土质松软的耕地和旷野，除危害甘薯外，还危害豆类、玉米、马铃薯、向日葵等。体长14～18厘米，背面黄灰色，腹部苍白色，尾短，不超过体长一半。主要栖息于农田、荒地。每年繁殖2～3次，每次产仔7～9只，最多11只。大仓鼠主要夜出活动，有时在温暖晴朗时也到地面活动。

(2)褐家鼠。又名沟鼠、大家鼠。在农田除危害甘薯外，还危害小麦、玉米、豆类、棉花、花生等。在居民区主要盗食各种粮食和食物。体长11～20厘米。尾较粗，短于体长，背毛棕褐色或灰褐色，腹部灰白色，成年鼠体重240～250克。全年均可繁殖，以5～9月为繁殖盛期，平均每窝产仔8～10只，最多16只。

(3)鼢鼠。又名瞎狯、盲鼠。我国北方各省份都有分布。主要危害块根、块茎作物，除危害甘薯外，还危害马铃薯、萝卜、花生等。体长15～25厘米。尾短为体长的1/4～1/5，四肢发达，前肢粗短，吻钝，耳壳退化，眼极小。体棕黄至灰褐色。一年繁殖1～2次，每胎3～4只。

(4)棕色田鼠。又名北方田鼠。分布河南、陕西、山西、内蒙古等地。以植物根部为主要食物，除危害甘薯外，还危害马铃薯、萝卜、农作物青苗、根系等。体长85～115厘米，尾为体长的1/4～1/3，背毛褐黄色至棕褐色，腹毛白色，耳极短。一年繁殖2～4次，每胎2～5仔。

### (二)田鼠防治技术

当百只鼠夹捕获率在3%以上时即达到防治标准(夹距5米，行距50米)，应尽快组织防治。在防治策略上，应注意以下几点：一是掌握鼠情，做到心中有数。以此科学制定灭鼠方案。了解当地主要危害的鼠种、数量分布、危害程度、受害面积等，准确划定灭鼠区及重点消灭对象；调查了解主要害鼠的活动规律、繁殖特点、消长规律，科学确定灭鼠时机，如山东防

治大仓鼠的有利时机为 4 月和 7 月，山西防治黄鼠的有利时机为 4 月和 9 月；调查了解害鼠的食性、生活方式，以选择适口性好的毒饵及适当的方法，如褐家鼠喜食甘薯、小麦、大米、生葵花籽、瓜果蔬菜等，选用这些制作毒饵效果最佳；根据防治面积，确定毒饵用量。二是与防治大田其他作物害鼠结合起来。三是统一行动，大面积防治。四是农业措施与药剂防治相结合。

(1)采取农业措施，破坏鼠类适生环境。加强农田基本建设，深耕土地，破坏鼠类洞道，抑制鼠类数量恢复，整治田埂；减少荒地及并耕地面积，避免这些地方成为鼠类被动性迁移的临时栖息地。在水利条件较好的地区，利用冬季和春季农田灌溉，水溺幼鼠、残鼠，可压低春季鼠类数量。

(2)组织人力捕杀。在薯田寻找鼠类洞口，放夹捕获。大仓鼠、黑线仓鼠活动范围大，社交群中个体交往十分频繁，按洞口放置鼠夹效果很好，有时在一个洞口可连续捕鼠十几只。每次捕到后，应将夹上血迹用热水洗净，以免以后引起其他鼠的警觉。

(3)保护利用自然天敌。保护猫头鹰、蛇类等食鼠动物，可控制周围田鼠害。

(4)化学药剂防治。化学灭鼠剂分为速效杀鼠剂和缓效杀鼠剂两大类。速效杀鼠剂主要有磷化锌、毒鼠磷、澳代毒鼠磷、甘氟。上述药剂除甘氟为液体外，均为粉剂。一般配制毒饵的用药量为毒饵总重的 1％为好，选择各种鼠类喜食的食物，配成毒饵，在每个洞口放毒饵 3～5 克。也可将药剂制成毒糊，涂在纸或布上塞土洞中，让鼠通过撕咬，使之中毒。如 0.50％的甘氟毒饵配制：取 50 千克粮食或麸皮，倒入用250 克甘氟原液，加 3500 克水、10 克糖精合成的药液中，掺拌均匀。

由于甘氟易挥发,应将拌好的毒饵存放在密闭的容器内3小时,再加250克熟花生油调味即可使用,一般每堆5克左右。此类杀鼠剂优点是,杀伤快,在24小时内可使害鼠中毒死亡。缺点是,早死的鼠类能引起其他鼠类的警觉,且能引起二次中毒。使用时要注意人畜安全。

缓效杀鼠剂也称慢性杀鼠剂,主要有敌鼠钠盐、氯敌鼠(氯鼠酮)、杀鼠灵、杀鼠迷(立克命)、澳敌隆、大隆、杀它信等。敌鼠钠盐使用毒饵浓度为0.05%～0.10%;氯敌鼠使用毒饵浓度为0.025%～0.05%,每亩投饵200克;杀鼠灵使用毒饵浓度为0.025%;杀鼠迷使用毒饵浓度为0.075%;0.50%澳敌隆使用毒饵浓度为0.005%;大隆使用毒饵浓度为0.002%～0.005%;杀它信一般使用毒饵浓度为0.005%。此类药消灭率高,一般3～4天死亡,有的需7～10天。除后两种药外,二次中毒危险性小。如杀鼠灵是一种高效低毒的灭鼠新药,老鼠吃了杀鼠灵毒饵,5～6天后内脏就大出血死亡,而且老鼠对这种毒饵不拒食,吃了还想吃;对人、畜、禽毒性小,基本无危险。使用方法:取药5克,加295克布料或滑石粉稀释,加入9.7千克甘薯块(切碎)拌匀,制成毒饵,加少量植物油效果更好。投放在老鼠经常活动的地方,每堆3克,当天食去毒饵,次日补充,连投3～4天。利用熏杀剂的气体,通过害鼠呼吸道进人体内,影响正常生理活动,也可使鼠中毒而死。主要优点是没有明显的选择性,灭鼠效果好,可以节省诱饵,作用快,一般在2～3个小时即可发挥作用,野外使用安全,害鼠被熏死在洞内,没有二次中毒现象。缺点是用量大、投工多、开支大。常用的农药有磷化铝、氯化苦等。使用时,先将鼠洞洞口封闭严,留1～2个洞口,将磷化铝或氯化苦药剂放入洞内(氯化苦可以玉米芯作载体),烟雾炮点燃后投入

洞内,用泥土迅速封严洞口。烟雾剂多为剧毒,操作时应戴防毒面具,以防中毒。在人居住的房间禁止使用。

灭鼠后,要随时提出薯蔓,平整害鼠倒出的土堆,盖严被害鼠咬食的薯块,堵塞所有鼠洞,尽快恢复甘薯的正常生长。

# 附　录

## 农产品禁用农药品种及替代农药品种目录

| 序号 | 禁用农药品种 | 可替代农药品种 |
| --- | --- | --- |
| 1 | 甲胺磷 | 乙酰甲胺磷、三唑磷、锐劲特、阿维菌素 |
| 2 | 对硫磷(1605) | 辛硫磷、毒死蜱、丙溴磷、阿维菌素、苏云金杆菌 |
| 3 | 甲基对硫磷(甲基1605) | 辛硫磷、毒死蜱、敌百虫、丙溴磷、苏云金杆菌 |
| 4 | 久效磷 | 锐劲特、阿维菌素、辛硫磷、毒死蜱 |
| 5 | 磷胺 | 辛硫磷、敌敌畏、毒死蜱、三唑磷 |
| 6 | 甲拌磷(3911) | 丁硫克百威、辛硫磷、灭蝇胺 |
| 7 | 甲基异柳磷 | 辛硫磷、灭蝇胺、毒死蜱 |
| 8 | 特丁硫磷 | 三唑磷、毒死蜱、辛硫磷 |
| 9 | 甲基硫环磷 | 毒死蜱、辛硫磷、锐劲特 |
| 10 | 治螟磷 | 三唑磷、锐劲特、阿维菌素 |
| 11 | 内吸磷 | 毒死蜱、辛硫磷、锐劲特 |
| 12 | 克百威(呋喃丹) | 毒死蜱、辛硫磷、丁硫克百威、灭蝇胺 |
| 13 | 涕灭威 | 毒死蜱、辛硫磷、锐劲特 |
| 14 | 灭线磷 | 吡虫啉、扑虱灵、灭蝇胺 |
| 15 | 硫环磷 | 丁硫克百威、辛硫磷 |
| 16 | 蝇毒磷 | 三唑磷、阿维菌素、灭蝇胺 |
| 17 | 地虫硫磷 | 毒死蜱、辛硫磷、锐劲特 |
| 18 | 氯唑磷 | 辛硫磷、敌敌畏、阿维菌素 |
| 19 | 苯线磷 | 乙酰甲胺磷、三唑磷、丙溴磷 |

# 主要参考文献

[1] 马代夫，刘庆昌. 中国甘薯育种与产业化[M]. 北京：中国农业大学出版社，2005.

[2] 毛志善，高东，张竞文，等. 甘薯优质高产栽培与加工[M]. 北京：中国农业出版社，2003.

[3] 袁宝忠. 甘薯栽培技术[M]. 北京：金盾出版社，1992.

[4] 杨新笋. 无公害红薯种植技术[M]. 武汉：湖北科学技术出版社，2009.

[5] 杨新笋. 红薯高产栽培与综合利用[M]. 武汉：湖北科学技术出版社，2008.

[6] 江苏农业科学院，山东省农业科学院. 中国甘薯栽培学[M]. 上海：上海科学技术出版社，1984.

[7] 邱瑞镰，戴起伟. 我国甘薯品质育种现状及其对策[J]. 江苏农业科学，1994，(2)：21-29，54.

[8] 张黎玉，徐品莲. 甘薯产量结构模式的研究[J]. 江苏农业学报，1994，10(1)：13-17.

[9] 江苏徐州甘薯研究中心. 中国甘薯品种志[M]. 北京：农业出版社，1993.

[10] 聂凌鸿. 甘薯资源的开发利用[J]. 中小企业科技，2004，10(6)：10.

[11] 杜连起. 甘薯食品加工技术[M]. 北京：化学工业出版社，2004.

[12] 张长生. 中国优质专用薯类生产与加工[M]. 北京：中国农业出版社，2002.

[13] 郭小丁,张允刚,史新敏.菜用型甘薯嫩梢的开发利用[J].中国蔬菜,2001,(4):40-41.

[14] 王庆南,戎新祥.菜用甘薯研究进展及开发利用前景[J].南京农业大学学报,2003,(3):20-23.

[15] 张立明,王庆美,王荫墀.甘薯的主要营养成分和保健作用[J].杂粮作物,2003,23(3):162-166.

[16] 吴东根.叶用甘薯栽培技术[J].中国蔬菜,2007,23(4):44-45.

[17] 郑旋.菜用甘薯品种的筛选及其栽培技术的研究[J].福建农业科学,2004,19(1):41-44.

[18] 谢一芝,郭小丁,尹晴红.紫心甘薯新品种宁紫薯1号的选育及栽培技术[J].江苏农业科学,2006(2):43-44.

[19] 王家才,杨爱梅,李伟.紫色甘薯新品种及高效栽培规程[J].作物耕作与栽培,2005(6):51-52.

[20] 傅玉凡,罗勇,陈珠,等.几个因素对紫色甘薯食用品质的影响[J].西南大学学报(自然科学版),2007,29(8):55-59.

**图书在版编目(CIP)数据**

甘薯栽培的基础知识与技术 / 杨新笋,杨园园主编.
—武汉:湖北科学技术出版社, 2017.9(2018.11重印)
ISBN 978-7-5352-9665-8

Ⅰ.①甘… Ⅱ.①杨… ②杨… Ⅲ.①甘薯—栽培技术
Ⅳ.①S531

中国版本图书馆 CIP 数据核字(2017)第 228511 号

责任编辑:邱新友 王贤芳 封面设计:王 梅

---

出版发行:湖北科学技术出版社 电话:027-87679468
地 址:武汉市雄楚大街 268 号 邮编:430070
(湖北出版文化城 B 座 13-14 层)
网 址:http://www.hbstp.com.cn

---

印 刷:武汉中科兴业印务有限公司 邮编:430071

---

880×1230 1/32 8.125 印张 200 千字
2017 年 10 月第 1 版 2018 年 11 月第 3 次印刷
定价:18.00 元

---